파브르가 들려주는 자원 곤충 이야기

파브르가 들려주는 자원 곤충 이야기

ⓒ 한영식, 2012

초판 1쇄 발행일 | 2012년 1월 30일
초판 8쇄 발행일 | 2021년 3월 8일

지은이 | 한영식
펴낸이 | 정은영
펴낸곳 | (주)자음과모음

출판등록 | 2001년 11월 28일 제2001-000259호
주   소 | 04047 서울시 마포구 양화로6길 49
전   화 | 편집부 (02)324-2347, 경영지원부 (02)325-6047
팩   스 | 편집부 (02)324-2348, 경영지원부 (02)2648-1311
e-mail | jamoteen@jamobook.com

ISBN 978-89-544-2231-4 (44400)

파브르가 들려주는

자원 곤충
이야기

| 한영식 지음 |

㈜자음과모음

파브르를 꿈꾸는 청소년을 위한
'자원 곤충' 이야기

아름답고 푸른 이 지구에 살고 있는 곤충은 얼마나 될까요? 셀 수 없이 많다고 말하는 것이 가장 정확할 겁니다. 개미 하나만 해도 약 2경 마리가 살고 있을 거라 추정하고 있으니까요. 지금까지 지구 상에서 발견된 곤충 종류는 약 120여만 종입니다. 그러나 아직까지도 발견하지 못한 곤충이 무수히 많기 때문에 곤충학자들은 1000만 종 이상의 곤충이 살거라 생각하고 있답니다.

프랑스 곤충학자 파브르는 무수히 많고 다양한 곤충의 신비로운 세계에 푹 빠져들었습니다. 매일 곤충을 관찰하며 새롭게 알게 된 곤충의 삶을 바라보며 즐거워했습니다. 일생동안 곤충을 연구하여 출간한 《파브르 곤충기》는 많은 사람들에게 곤충의 신비로운 세상을 알려 주는 계기가 되었습니다. 그 후 수많은 곤충학자가 흥미로운 곤충의 종류, 생태, 생리에 대한 연구를 꾸준히 진행하고 있습니다.

그러나 지금도 우리나라 사람들은 곤충에 대한 선입견이 매우 크답니다. 곤충을 벌레나 해충으로 부르며 모조리 해로운 생물로 여기고 있거든요. 못된 생물이라는 편견 때문에 기어다니는 곤충을 쉽게 밟아 죽이는 사람이 많습니다. 그렇지만 인간에게 직접적인 피해를 주는 곤충은 바퀴, 모기, 파리, 개미 등 극소수에 불과합니다. 몇몇 해충 때문에 소중하고 신비로운 곤충들이 모조리 해충 취급을 받고 있답니다.

이 책은 최고의 관찰자 파브르가 들려주는 자원 곤충에 대한 이야기입니다. 자원 곤충은 해충과는 반대로 인간에게 큰 도움을 주는 고마운 곤충을 말합니다. 다양한 곤충이 우리 생활에 상상하지 못할 정도의 큰 도움을 주고 있다는 놀라운 사실을 만나 보세요. 이 책을 통해 곤충이 하찮고 보잘것없는 생물에서 꼭 필요하고 소중한 생물로 대접받게 되길 기대해 봅니다. 우리 주변에서 쉽게 마주칠 수 있는 곤충의 무궁무진한 세계를 들여다볼 수 있는 최고의 기회가 되길 바랍니다.

한 영 식

차례

잠자리와 자원 곤충

고생대에 출현한 잠자리가 미래의 소중한 자원으로
어떻게 활용되는지 알아봅시다.

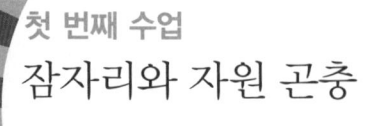

첫 번째 수업
잠자리와 자원 곤충

첫째 날, 파브르가 캠프 교육장에서 첫 수업을 시작했다.

다양한 곤충의 세계

안녕하세요? 곤충 캠프에 온 걸 진심으로 환영합니다. 나는 앞으로 9일 동안 여러분에게 다양한 곤충의 세계를 안내할 파브르(Jean Fabre, 1823~1915)라고 해요. 나는 몸집이 큰 동물보다 작은 곤충을 매우 좋아하지요. 모든 생물의 세계가 신비롭지만 특히 작은 곤충들의 세계는 매우 신비롭답니다. 쪼그리고 앉아서 자연의 작은 생물을 관찰하는 건 정말 재미있답니다. 구멍이 뿅뿅 뚫린 나무를 보면 어떤 애벌

레가 나올지 기대하게 되고요. 들꽃을 찾아 날아다니는 나비를 보면 즐겁지요. 나는 다양한 곤충의 생활을 관찰하는 게 가장 행복하답니다. 여기 모인 친구들도 곤충을 좋아하는 것 같아 즐거운 캠프 생활이 기대되는군요. 여러분은 수많은 곤충 가운데 어떤 곤충을 좋아하나요?

__ 훨훨 날아다니는 나비를 좋아해요.

__ 아니에요! 곤충 하면 장수풍뎅이와 사슴벌레가 가장 멋져요.

__ 그보다는 동글동글 귀여운 무당벌레가 최고예요.

__ 하늘의 비행사 잠자리가 제일 멋져요.

그래요. 친구들마다 좋아하는 곤충은 조금씩 다를 수 있어요. 지구 상에는 매우 다양한 곤충들이 살고 있으니까요. 지구촌 전체에 약 120만 종의 곤충이 살고 있다고 밝혀져 있어요. 식물이 35만 종인 것에 비하면 종류가 매우 많지요. 생김새와 특징이 다양한 곤충의 종류는 하늘의 별처럼 헤아리기조차 어렵답니다.

그렇다면 곤충은 어떤 동물로 분류되는지 알고 있나요?

__ 절지동물이요.

잘 맞추었어요. 곤충은 몸이 머리, 가슴, 배로 나누어져 있는 절지동물입니다. 절지동물에는 거미, 전갈, 진드기가 속하는 거미류도 있고요. 새우, 가재, 공벌레, 쥐며느리가 포함되는 갑각류도 있습니다. 지네, 노래기, 그리마가 속하는 다지류도 모두 절지동물이랍니다. 물론 절지동물 중에서 종류와 숫자가 가장 많은 건 곤충이지요. 곤충, 거미, 가재, 지네등의 절지동물은 등뼈가 없어서 무척추동물에 속합니다. 반대로 등뼈가 있는 개구리, 새, 호랑이 등은 척추동물이라고합니다.

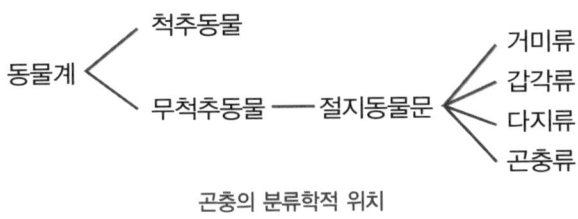

곤충의 분류학적 위치

　다양한 곤충의 세상을 보려면 무엇보다 관심과 끈기가 필요합니다. 날아가는 곤충을 보려면 매일 뛰어다녀야 해요. 무서운 사냥벌도 겁내면 안 되고, 때로는 더러운 배설물과 사체도 뒤집어 봐야 해요. 야행성 곤충을 보기 위해서는 깜깜한 밤에 숲을 찾아가야 한답니다. 하지만 너무 어렵다고 생각하지 마세요. 실제로 해 보면 재미있을 거예요.
　앞으로 5박 6일 곤충 캠프 기간 동안 여러분은 나와 함께

곤충 박물관, 곤충 농장, 숲, 산길, 밭 그리고 강의실에서 여러 가지 곤충들을 만나 볼 겁니다. 그 과정에서 여러분은 다양한 곤충의 세계를 경험하게 될 거예요. 특히 우리 생활과 밀접한 곤충들을 만나러 갈 거니까 기대해도 좋아요.

거대 잠자리 메가네우라

오늘은 여러분과 함께 곤충 영상을 보면서 오래전 지구로 가 볼 거예요. 이번에 만날 곤충은 공룡보다도 훨씬 더 먼저 출현한 곤충이니까요. 과연 어떤 곤충일까요?

__ 바퀴벌레 아닌가요?

잘 말해 주었어요. 바퀴벌레도 매우 오래전에 지구에 출현한 곤충이에요. 오늘의 곤충은 바퀴벌레와 비슷한 시기에 이 땅에 처음으로 모습을 드러낸 곤충이지요. 힌트를 줄까요? 이 곤충은 가을이 되면 푸른 하늘을 가장 많이 날아다니는 곤충이랍니다.

__ 잠자리예요.

맞았어요. 오늘 여러분과 함께 만나 볼 곤충은 바로 잠자리예요. 잠자리는 언제부터 지구의 하늘을 날아다녔는지, 잠자리가 살았던 아주 먼 옛날로 가 알아볼까요. 지금 여러분이 보고 있는 장면은 약 2억 2500만 년 전 고생대 석탄기 시대예요. 아직 공룡이 태어나기도 전이지요.

잠자리 조상이 날아다니던 시절에는 대형 고사리 같은 양치식물이 온 세상을 뒤덮고 있었어요. 갑주어, 삼엽충, 필석, 완족류 등 바다 생물도 많이 살았고요. 다양한 육지 생물까지 출현했던 시절이지요. 바로 이때 원시 잠자리도 지구의 하늘 위를 날아다녔습니다. 원시 잠자리는 전체적인 모습은 지금의 잠자리와 비슷하지만 크기가 어마어마하게 컸어요. 1880년경 프랑스에서 석탄기 후기 지층 속에 묻혀 있던 거대

잠자리 화석을 발견하면서 알게 되었지요. 메가네우라 모니 (Meganeura monyi)라 불리는 거대 잠자리 화석은 날개를 편 길이가 75cm나 되는 엄청난 크기의 잠자리였어요. 웬만한 새보다 더 큰 대형 잠자리가 고생대 지구의 하늘을 날아다녔다는 사실이 증명된 것이지요. 오늘날 대형 잠자리가 불과 10cm 정도인 것과 비교하면 정말로 큽니다.

그런데 무거운 대형 잠자리가 과연 잘 날아다닐 수 있었을까요? 거대 잠자리가 비행하는 데 별다른 불편함은 없었어요. 비행할 때 필요한 산소가 충분했거든요. 고생대에 많았던 2m가 넘는 커다란 양치식물들이 잠자리가 비행하기 위해 필요한 산소를 충분히 제공했답니다. 거대 잠자리들은 풍부한 산소를 바탕으로 하늘을 맘껏 누빌 수 있었답니다.

고생대는 온도와 습도가 높아서 대형 동물들이 활동하기 좋은 환경이었습니다. 그러나 대형 동물에게 좋은 세상은 그리 오래가지 못했어요. 석탄기 후기가 되자 아쉽게도 산소량이 줄어들었으니까요. 중생대로 넘어가면서 양치식물들은 쇠퇴하고 소나무, 소철 같은 겉씨식물들이 늘어나면서 산소가 줄어든 거예요. 결국 거대 잠자리는 대형 동물들과 함께 멸종하고 말았지요.

__ 선생님, 그럼 지금 날아다니는 잠자리는 언제 나타난 건

가요?

최초의 공룡이 출현했던 2억 3000만 년 전 중생대 삼첩기에 다시 출현한 잠자리랍니다. 중생대의 잠자리는 거대 잠자리와 모습은 닮았지만 크기는 많이 작아졌어요. 그 후 공룡 시대인 쥐라기가 되자 지금의 잠자리와 실잠자리로 더욱 진화되어 갔답니다.

잠자리 하면 가장 먼저 하늘을 자유롭게 날아다니는 모습이 떠오릅니다. 재빠르고 자유롭게 날아다니는 잠자리를 어떻게 하면 자세히 관찰할 수 있을까요? 가장 좋은 방법은 채집이랍니다. 잠자리채로 잡아서 가까이 들여다봐야 자세히 관찰할 수 있습니다.

그런데 만약 잠자리채가 없다면 어떻게 해야 할까요? 맞아요. 손으로 잡으면 돼요. 날아다니는 잠자리를 어떻게 손으로 잡을 수 있냐고요? 다 방법이 있어요. 나뭇가지에 앉아 있는 잠자리를 찾아서 조심스럽게 다가가 잠자리 꼬리 또는 날개 끝 쪽을 잡으면 됩니다. 이때 불룩 튀어나온 겹눈을 가장 조심해야 합니다. 손을 뻗다가 눈치 빠른 잠자리에게 들키면 훌쩍 날아가 버리거든요.

특히 왕잠자리의 겹눈은 약 2만 8000개의 낱눈이 모여서 이루어져 있습니다. 낱눈마다 사물을 볼 수 있기 때문에 잠

자리의 시각은 매우 예민해요. 약간의 변화도 금방 눈치채기 때문에 재빠르게 도망치는 거예요. 그래서 눈으로부터 가장 멀리 있는 날개 끝이나 꼬리 쪽을 공략하는 것이 가장 좋답니다. 때로는 잠자리 눈앞에다가 손가락을 대고 빙빙 돌리면 잡을 수 있지요. 빙빙 돌리는 모습을 잠자리의 수많은 낱눈이 따라가다 보면 잠시 눈앞이 안 보이게 되니까요.

벼가 누렇게 익어 가고 고추가 빨갛게 물드는 가을이 되면 잠자리 세상이 됩니다. 그래서 가을은 잠자리를 관찰하기 가장 좋은 계절이지요.

그러나 잠자리가 하늘을 날면 땅 아래의 곤충들은 벌벌 떨며 난리법석을 피웁니다. 왜 잠자리를 두려워하는 걸까요?

살금 살금

?

빙글
빙글

잠자리가 곤충을 잡아먹고 사는 포식성 곤충이거든요. 뭐든지 씹어 먹을 수 있는 튼튼한 이빨을 가진 잠자리는 먹잇감을 발견하면 독수리처럼 무서운 사냥꾼이 된답니다.

고생대에 태어난 잠자리가 지금까지 살아남을 수 있었던 이유는 무엇일까요? 생존 경쟁에서 승리했기 때문이에요. 잠자리는 놀라운 비행 솜씨로 천적들을 쉽게 따돌릴 수 있었어요. 먹이도 풍부하고 먹이 사냥도 잘하기 때문에 특별히 먹이 걱정을 할 필요가 없어요. 물속에 사는 잠자리 수채(잠자리의 애벌레)들도 천적으로부터 자신을 보호할 줄 알았지요. 이처럼 뛰어난 적응력으로 생존 경쟁에서 승리한 잠자리는 지금도 푸른 하늘 위를 날아다니고 있답니다.

최고의 비행사 잠자리

높은 하늘 위를 유유히 떠다니는 잠자리를 보면 문득 비행기가 떠오릅니다. 20세기 초에 비행기를 만든 라이트(Wright) 형제는 세계 역사상 최초로 동력 비행기를 조종해 12초 동안 36.5m를 날아가는 데 성공했어요. 새처럼 날기를 소망했던 레오나르도 다빈치(Leonardo da Vinci)의 꿈이

라이트 형제(Wright brothers)에 의해 현실이 되는 순간이었지요. 새가 없었다면 인간은 날 수 있을 거라는 소망도 갖지 못했을 거예요. 새를 보고 꿈꾸던 소망이 비행기를 만든 것처럼 자연의 생물은 인간에게 좋은 아이디어를 준답니다.

최근에는 자연의 생명체를 모방하는 '생체 모방 공학'이 주목받고 있습니다. 비행기를 만든 사람들은 보다 더 뛰어난 전투기를 만들려고 했어요. 그러다 보니 자연계에서 새보다 더 뛰어난 비행체를 찾아야만 했지요. 그렇게 해서 발견된 생명체가 바로 잠자리랍니다.

잠자리는 날아다니는 데 천부적인 재능을 타고났어요. 1917년 틸리야드(Tillyard)라는 사람이 호주에서 잠자리의 비행 속도를 측정한 결과는 매우 놀라웠지요. 약 시속 58km로 날아갔거든요. 아무런 장비 하나 없이 맨몸으로 자동차 속도로 날아간다는 게 상상이 되나요? 그저 놀라울 뿐입니다. 잠자리가 최고 속도로 비행할 때 지구 중력의 25배에 해당하는 힘을 받아요. 전투기 조종사가 최고로 견디는 힘이 중력의 9배인 것과 비교하면 잠자리가 견디는 힘은 상상을 초월합니다.

잠자리는 어떻게 거대한 중력을 거뜬히 이겨 낼 수 있는 걸까요? 그 놀라운 힘은 잠자리의 몸속을 보면 알 수 있답니다.

잠자리는 몸속의 중요 기관이 액체로 둘러싸여 있어서 갑작스러운 중력 변화에도 내부 기관을 잘 보호할 수 있습니다. 전투기 조종사들이 입는 압력복과 같은 원리이지요.

그러나 압력복보다 잠자리의 능력이 훨씬 더 뛰어납니다. 잠자리의 놀라운 구조를 지켜보던 독일의 한 회사에서는 전투기 조종사들을 위한 새로운 비행복을 개발했어요. 잠자리의 구조를 연구해서 만든 조종복이지요. 비행복 이름도 잠자리를 뜻하는 독일어인 '리벨레(libelle)'라 붙였어요. 잠자리처럼 비행복 내부에 별도의 액체층을 만들어서 중력 환경 변화에 잘 견딜 수 있게 했답니다.

잠자리의 비행술은 쉽게 따라 할 수 없을 정도로 놀랍습니다. 그러다 보니 비행기를 연구하는 항공 역학에서 잠자리는 가장 중요한 연구 대상이 됩니다. 잠자리는 최고의 전투기들도 감히 흉내 낼 수 없는 선회 비행과 가속 비행도 할 수 있어요. 공중에서 정지했다가 갑자기 시속 50km의 속도로 날아가기도 합니다. 순간적으로 180° 회전도 하고 어디서든지 상하좌우로 방향 전환도 가능해요. 잠자리의 신비로운 비행 능력에 흠뻑 빠져든 전투기 제작자들은 지금도 계속 잠자리를 연구하고 있답니다.

공중 비행을 하던 잠자리는 먹잇감을 발견하자마자 재빨리

날아갑니다. 마지막까지 집중력을 잃지 않고 다리를 뻗어 먹잇
감을 낚아채는 솜씨가 일품이지요. 사냥의 성공 확률이 97%
나 될 정도로 정확하답니다. 사람들은 잠자리의 신경 체계가
매우 예민하다는 걸 알아냈어요. 그래서 정확하고 민감한 잠자
리의 먹이 포획 체계를 잘 연구하면 비행체의 새로운 유도 시
스템을 개발할 수 있을 거라는 기대에 가득 차 있답니다.

　이처럼 잠자리의 탁월한 비행 능력은 수많은 사람에게 꿈
을 불어넣어 주고 있지요. 새보다 훨씬 단순하지만 탁월한

비행 능력을 갖고 있는 잠자리는 항공 역학의 중요한 자원이 되고 있습니다. 기다란 선형 몸체와 교차되는 날개 구조까지 비행기와 매우 흡사하기 때문에 잠자리가 최첨단 비행 연구의 희망이 되고 있답니다.

결코 지치지 않는 잠자리의 놀라운 날개 근육

잠자리는 먹이를 찾거나 천적을 피하기 위해 매일 빠르게 날아다닙니다. 잠시도 쉴 틈 없이 하루 종일 날아다니는 게 잠자리의 운명인가 봅니다. 잠자리가 피곤하면 날아가다가 떨어질까요? 매일 날아다녀도 잠자리는 결코 지치는 법이 없답니다. 조금만 달려도 금방 지치는 사람과는 다르지요.

잠자리가 지치지 않고 계속 날 수 있는 비결은 잠자리의 날개 근육에 있습니다. 1초에 25~30회 날갯짓하는 잠자리의 날개 근육은 몸무게의 30배를 견딜 수 있답니다. 특히 몸통과 날개가 연결된 부분은 '레실린(resilin)'이라는 고무 단백질로 구성되어 있는데 탄력성이 매우 뛰어나서 아무리 날갯짓을 해도 절대 지치지 않는답니다.

이집트의 잠자리에서 처음 발견된 레실린은 벼룩, 매미, 파

리 등의 곤충에도 있습니다. 벼룩이 자신의 몸길이보다 수십 배 이상 뛰어오를 수 있는 것과 매미가 시끄럽게 계속 울어 댈 수 있는 건 모두 레실린 덕분이지요. 2001년에는 레실린을 합성하는 유전자가 과일파리에서 발견되었어요. 호주 연방과학산업연구협회의 크리스 엘빈(Chris Elvin) 박사팀은 탄력성이 뛰어난 인공 레실린을 합성하는 데 성공했습니다.

인공 레실린은 원래의 길이보다 3배 이상 늘어나도 결코 끊어지지 않습니다. 개발된 인공 레실린은 인체 이식용 물질로 이용될 수 있을 거라고 큰 기대를 하고 있습니다. 동맥 내벽의 엘라스틴이 손상되면 이를 대체하는 데 이용되고 척추

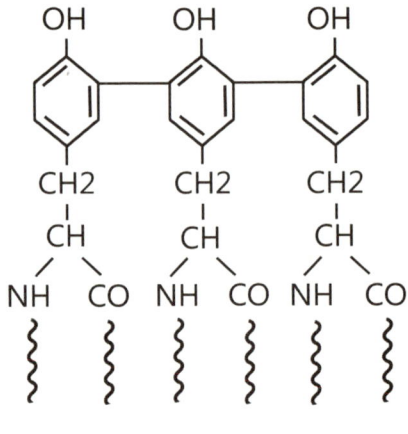

: 펩타이드 사슬

디스크와 다양한 관절 치료에도 사용할 수 있습니다. 그러나 아직은 레실린 단백질을 합성하는 비용이 비싸고 인체에 사용할 때의 문제점도 많아서 더 많은 연구가 필요하지요. 인공 레실린은 분명 앞으로 소중한 자원이 될 것으로 기대하고 있답니다.

잠자리를 보면 가장 먼저 눈에 띄는 건 뭘까요? 양옆에 달린 예쁜 날개도 있지만 머리 전체를 감싸는 불룩 튀어나온 눈입니다. 잠자리의 반원형 겹눈은 사냥할 때와 천적의 위험을

과학자의 비밀노트

생체 모방 공학

육식 동물의 날카로운 발톱을 보고 칼, 화살촉 같은 사냥 도구를 발명한 것이 생체 모방 공학의 시작이다. 생체(bio)와 모방(mimic)의 합성어로 만들어진 생체 모방 공학(biomimetics)은 동식물의 생체 구조와 특별한 기능을 모방하여 공학적으로 활용하는 분야로 우리의 생활과 매우 밀접하게 관련되어 있다. 생체 모방 공학을 통해 만들어진 발명품이 매우 많다. 장미 가시와 철조망, 엉겅퀴와 벨크로 테이프, 문어 빨판과 흡착기, 상어 비늘과 전신 수영복, 아르마딜로와 갑옷, 돌고래 꼬리와 배의 프로펠러, 새와 비행기, 잠자리와 헬리콥터까지 다양한 생물들이 인간의 편리한 생활에 유익한 도움을 주었다. 아무리 21세기가 첨단 과학의 시대라 해도 인간보다 오랜 세월을 지구에서 살아온 자연의 생물은 우리의 영원한 스승이다.

알아챌 때 매우 효과적입니다. 몸에 비해서 눈이 워낙 크기 때문에 앞은 물론 양옆의 움직임과 뒤의 움직임까지도 알아챌 수 있지요. 수많은 낱눈이 모여 만들어진 잠자리 눈은 날개만큼이나 많은 사람에게 관심거리였답니다.

잠자리의 겹눈을 보고 아이디어를 얻은 미국 버클리 대학교의 이평세 교수팀은 잠자리 겹눈 두 개를 붙여서 360° 입체 영상을 볼 수 있는 구형 렌즈를 개발했어요. '인공 곤충 눈'은 미세한 움직임을 촬영하는 카메라에 활용될 것으로 기대하고 있지요. 인체 내부의 미세한 변화도 감지할 수 있어서 '먹는 내시경'으로도 활용될 수 있게 된답니다. 내시경 기구를 입에 넣고 검사하는 불편이 없어질 날도 얼마 남지 않았네요.

잠자리의 능력과 구조는 과학자들에게 좋은 아이디어를 제공했어요. 그리고 잠자리는 생체 모방 공학을 통해 우리에게 꼭 필요한 자원 곤충이 되었지요. 지구 상에서 다양성과 풍부함을 자랑하는 곤충은 잠재력이 무한한 자원 생물입니다. 창공을 날아다니는 잠자리를 보고 아이디어를 얻은 것처럼 자연에서 살아가는 다양한 생물에 관심을 가지면 우리의 무한한 꿈이 해결될 수 있을 거예요.

만화로 본문 읽기

9일간의 파브르 곤충 캠프에 온 걸 환영합니다. 자, 여기 오늘 만나 볼 곤충의 머나먼 조상이 있습니다.

우와~ 엄청 큰 잠자리다.

정말 크다.

이 모형 곤충은 메가네우라라는 잠자리의 머나먼 조상으로 공룡이 존재하지도 않았던 고생대 석탄기에 살았었지만 쇠퇴했고 중생대 삼첩기에 오늘날과 같은 모습으로 다시 출현했다고 해요.

우와, 굉장히 오래전부터 살았군요.

고생대 석탄기	중생대 삼첩기	신생대
메가네우라 출현	잠자리, 공룡 출현	신생 인류 출현
2억 5000만 년 전	2억 3000만 년 전	20만 년 전

어떻게 그렇게 오래 살았죠?

그건 잠자리의 생존 능력이 뛰어나서 그래요. 잠자리는 다른 곤충을 먹고사는 포식성 곤충인데 비행 솜씨가 좋아 사냥도 잘하고 천적으로부터 잘 피할 수 있었기 때문이죠.

우왓 잠자리다! 모두 피해!

그런데 잠자리는 빨리 날아다니는데 힘들지 않을까요?

맞아요. 하지만 잠자리는 몸속의 중요 기관이 액체로 둘러싸여 있어서 갑작스러운 중력 변화에도 내부를 잘 보호할 수 있어요. 전투기 조종사들이 입는 압력복과 같은 원리이지요.

내 몸 자체가 압력복이라서 높은 중력에도 견딜 수가 있지.

부럽다.

그런데 빠르기도 하지만 쉬지 않고 날아다니잖아요.

잠자리는 날개와 몸통의 연결 부분이 레실린이라는 단백질로 구성되어 있어 아무리 날갯짓을 해도 지치지 않는답니다.

헤헤 이렇게 몸에 고무가 달려 있어 아무리 날갯짓을 해도 지치지가 않지롱~.

눈

다리

가슴

배

레실린

잠자리의 반원형 겹눈은 커서 양쪽 옆과 뒤의 움직임까지도 알아챌 수가 있지요. 이런 장점을 응용한 기계까지 나왔으니 잠자리가 얼마나 뛰어난 곤충인지 알겠죠?

네.

아, 나방이 다 보이니까 너무 좋아.

그래! 저 눈을 응용한 렌즈를 만들어야겠어.

2

파리와 산업 공학 곤충

위생적으로 피해를 입히는 해충, 파리가 산업 공학에서
어떻게 이용되는지 알아봅시다.

두 번째 수업

파리와 산업 공학 곤충

둘째 날, 파브르는 곤충 박물관에서
파리 모형을 관찰하게 했다.

파리는 해충일까, 익충일까?

상쾌한 아침입니다. 오늘은 곤충 표본과 모형이 가득한 곤
충 박물관을 관람할 겁니다. 곤충 박물관에는 다양한 곤충들
이 전시되어 있습니다. 여러분은 어떤 곤충을 가장 보고 싶
나요?

__ 헤라클레스왕장수풍뎅이요.

__ 코카서스장수풍뎅이요.

여러분이 보고 싶다고 말한 곤충은 세계에서 가장 우람한

곤충들이에요. 곤충 박물관에도 열대 밀림 지역에 살고 있는 커다란 곤충들이 많이 있어요. 그럼 곤충 박물관으로 출발해 봅시다.

곤충 박물관에 있는 곤충은 모두 표본으로 보관되어 있습니다. 곤충 표본은 동물로 말하면 박제라고 할 수 있지요. 지금 여러분이 보고 있는 표본은 플라스틱이나 철로 만든 모형이 아닙니다. 진짜 곤충이지요. 만약 진짜 곤충이 아니라면 모형이라고 불러야 맞는 거랍니다. 죽은 동물로 박제를 만드는 것처럼 진짜 곤충으로 만든 박제를 표본이라 부릅니다.

＿ 곤충 표본은 왜 만드는 건가요?

곤충 표본과 동물 박제

곤충 표본은 곤충을 오랫동안 보관하기 위해서 만드는 겁니다. 표본으로 만들어 놓지 않으면 금방 썩어 버려서 곤충의 모습을 제대로 볼 수 없게 되지요. 오랫동안 곤충을 보관할 수 있어야 곤충 연구도 할 수 있으니까요. 즉, 곤충 표본은 곤충을 연구하기 위해서 만드는 거랍니다.

주위를 둘러보세요. 지구 상에서 가장 화려하고 커다란 곤충의 모습을 한눈에 볼 수 있을 겁니다. 몸집이 큰 곤충은 주로 숲이 울창한 밀림에 산답니다. 그런 곤충들은 한국의 숲에 살고 있는 곤충과는 비교도 안 될 정도로 크지요. 밀림에는 먹이가 풍부하고 기온이 높아서 곤충들이 빨리 자랄 수 있거든요. 나무가 빨리 자라는 것과 똑같은 이치예요.

이쪽 전시실은 모두 한국의 곤충입니다. 열대 밀림의 곤충과 한국 곤충은 어떤 점이 다를까요? 한국은 온대 지역이어서 열대 밀림 지역의 곤충보다 크기도 작고 빛깔도 덜 화려해요. 간혹 화려한 빛깔을 자랑하는 곤충도 있지만 아주 드물지요. 비단벌레처럼 화려한 빛깔을 띤 곤충은 대부분 열대 지역이 원산지인 곤충입니다. 그런 곤충들이 한국에서 사는 것은 온대 기후에도 잘 적응하기 때문이에요.

여기 있는 곤충은 한국에서 가장 큰 곤충인 장수하늘소랍니다. 장수하늘소의 크기는 다른 한국 곤충과는 비교도 되지

않지요. 장수하늘소는 울창한 원시림에 살고 있는데 지금은 거의 보기 힘들어서 멸종 위기 곤충으로 지정되어 있습니다. 한국과 중남미 대륙에 살기 때문에 대륙 이동설의 증거로서 가치가 있어 천연기념물로 지정되어 있답니다.

위생 해충 파리와 모기

엄청나게 큰 곤충이 매달려 있는 게 보이나요? 저건 진짜가 아니고 모형입니다. 저렇게 큰 모기가 실제로 있다면 끔찍하겠지요? 곤충 박물관에 모기가 있는 건 모기도 곤충이기 때문입니다. 곤충은 몸이 머리, 가슴, 배로 나누어져 있고 세 쌍의 다리와 한 쌍의 더듬이, 한 쌍의 겹눈을 갖고 있으면 되거든요.

그런데 사람들은 모기를 곤충보다 해충이라고 더 많이 부릅니다. 질병을 일으키는 못된 곤충이니까요. 모기는 일본 뇌염, 말라리아, 뎅기열 등 무서운 전염병을 일으킵니다. 그래서 누구나 싫어하는 곤충 하면 제일 먼저 모기를 꼽지요. 여기 있는 표본 상자에 우리를 괴롭히는 진짜 모기 표본들이 가득 들어 있네요. 여러분들이 인상을 찡그리는 걸 보니 생

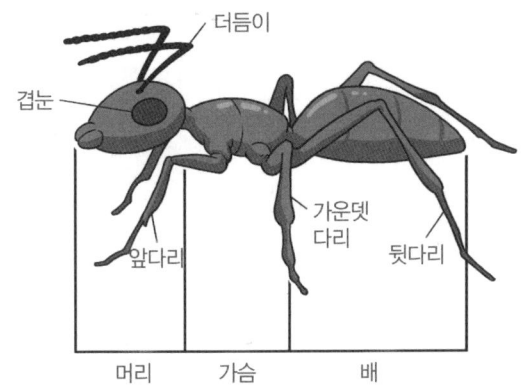

더듬이

겹눈

가운뎃
다리

앞다리

뒷다리

머리   가슴   배

긴 모습만 봐도 싫은가 보군요.

모기가 발생시키는 질병 중 가장 유명한 것이 말라리아예요. 말라리아는 열대 지역 나라에서만 발생하던 질병이었지요. 하지만 현재는 한국에서도 발생하고 있습니다. 기후 변화로 지구 온난화가 심각해지면서 한국도 이미 아열대 기후가 되었으니까요. 말라리아모기는 무덥게 변해 가는 한국 날씨에 빠르게 적응했어요. 강화도, 인천, 경기 북부 지역에서는 해마다 말라리아 환자가 발생하고 있답니다.

__ 선생님, 모기는 왜 피를 빨아 먹는 건가요?

그건 모기가 알을 많이 낳기 위해서예요. 모기는 알껍데기를 만들기 위해 단백질이 필요하지요. 그래서 암컷 모기는 단백질이 풍부하게 들어 있는 피가 필요했어요. 그런데 모기

가 처음부터 사람의 피를 빨아 먹었던 건 아니었어요. 처음엔 가축의 피를 빨아 먹었지만 점차 인간의 부드러운 피부가 빨아 먹기 좋다는 걸 알게 되었지요. 그 후로 사람에게 몰려들고 있는 거예요. 그러나 사람들의 피를 빨아 먹는 것은 암컷 모기이고 수컷 모기는 꽃꿀이나 식물의 즙을 먹으며 살아간답니다.

모기가 한 번에 빨아 먹는 피의 양은 매우 적습니다. 적은 양으로도 모기 배는 꽉 차거든요. 그래서 모기가 피를 빨았다고 해서 사람의 피가 부족해져 빈혈이 생기는 일은 결코 없어요. 그보다는 모기가 피를 빨 때 모기 몸속에 들어 있던 병균이 사람에게 전해지는 게 문제랍니다.

말라리아모기가 피를 빨 때 플라스모디움이라는 말라리아 병원균이 사람에게 전해집니다. 이 병균이 퍼지면 무서운 말라리아에 걸리지요. 그런데 모기가 물기 전에 왜 발견할 수 없는 걸까요? 그건 모기 침이 톱니 모양으로 생겼지만 가늘고 뾰족해서 찌를 때 전혀 느낌이 없기 때문이랍니다.

파리도 모기처럼 피를 빤다는 걸 알고 있나요? 2011년도에 MBC에서 방송된 〈아마존의 눈물〉이란 다큐멘터리에 나온 흡혈파리 삐용을 보면 알 수 있어요. 삐용은 모기처럼 피를 잘 빨아 먹는 파리입니다. 파리가 피를 빨 수 있는 건 파리와

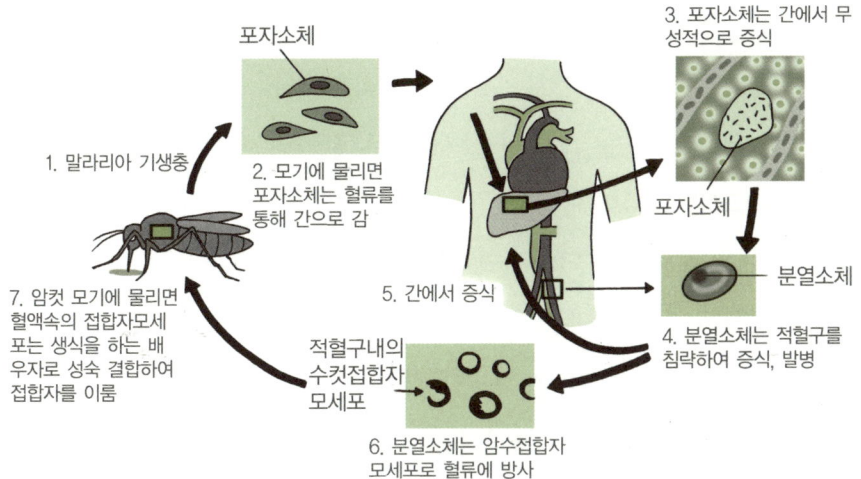

포자소체

3. 포자소체는 간에서 무성적으로 증식

1. 말라리아 기생충

2. 모기에 물리면 포자소체는 혈류를 통해 간으로 감

포자소체

7. 암컷 모기에 물리면 혈액속의 접합자모세포는 생식을 하는 배우자로 성숙 결합하여 접합자를 이룸

5. 간에서 증식

분열소체

4. 분열소체는 적혈구를 침락하여 증식, 발병

적혈구내의 수컷접합자 모세포

6. 분열소체는 암수접합자 모세포로 혈류에 방사

말라리아 병균을 옮기는 과정

모기가 같은 파리류 식구라서 가능한 겁니다. 파리류에는 모기와 파리 외에도 꽃등에, 각다귀, 파리매, 등에, 동애등에 등 다양한 종류가 있답니다.

흡혈파리 삐융에게 물린 다큐멘터리 제작팀은 모기보다 훨씬 더 가렵고 아파했습니다. 흡혈파리에게 물려 본 적이 없었으니까요. 여러 번 물린 적 있는 모기에 대해서는 우리 몸속에 면역이 생기지만 처음 물리는 곤충에 대해서는 우리 몸이 적응하지 못하거든요.

그런데 아무리 살펴봐도 모기와 파리의 닮은 점을 발견할 수 없다고요? 자세히 보면 공통점이 있습니다. 우선 뒷날개

한 쌍이 퇴화되어서 날개가 한 쌍뿐입니다. 대부분의 곤충이 두 쌍의 날개를 갖고 있는 것과는 달리 파리류 곤충들은 날개가 한 쌍뿐입니다. 그래서 날개가 두 장이라는 의미에서 쌍시류라고 불립니다.

비록 날개가 퇴화되었지만 퇴화된 뒷날개도 역할이 있습니다. 평균곤이라 불리는 퇴화된 날개는 비행할 때 균형을 잡아 주는 역할을 합니다. 그 때문에 파리의 비행 솜씨는 매우 훌륭하지요. 날쌘 파리들이 문제가 되는 건 더러운 곳을 좋아하기 때문입니다. 배설물이나 사체에 앉았다가 밥상에 날아와 앉아서 병균을 옮기기 때문에 해충이라고 불립니다.

집파리, 금파리, 검정파리, 쉬파리, 똥파리 등은 이질, 티푸

황각다귀

스, 콜레라 등의 병균과 바이러스와 기생충까지도 옮깁니다. 인체의 피부에 기생하여 구더기증(승저증)을 일으키는 파리도 있고 아프리카의 체체파리는 수면병을 일으킵니다. 파리는 털이 많은 다리로 더러운 곳을 돌아다니니 병균이 잘 들러붙을 수밖에 없습니다.

초소형 비행 로봇의 모델, 파리

음식에 내려앉은 파리는 앞다리를 자주 비벼 댑니다. 다리를 비비고 있는 파리를 보면 사람들은 병균을 옮길까 봐 질색하지요. 그러나 파리는 계속 비벼 댑니다. 파리가 다리를 비비는 것은 앞발로 맛을 봐야 하기 때문에 깨끗하게 청소하는 것이지요. 파리채로 잡으려고 하면 잽싸게 다른 곳으로 날아가 버리는 걸 경험한 적 있을 거예요. 비록 한 쌍의 날개가 퇴화되었지만 파리는 비행 솜씨가 뛰어나답니다. 파리는 1초에 300회나 날갯짓을 하니까요. 빠르게 펄럭거리는 파리의 날개와 공기가 부딪쳐서 '엥~' 하는 소리가 나는 거예요. 파리가 날갯짓을 빠르게 하는 데는 다 이유가 있어요. 날개 크기가 작기 때문입니다. 작은 날개로 날기 위해서는 보이지 않을

정도로 재빨리 펄럭거려야 비로소 날 수 있답니다.

사람들은 빠르게 펄럭거리는 파리의 날갯짓을 주목했습니다. 자유자재로 비행하는 솜씨가 매우 인상적이었거든요. 파리는 지능과 인지 능력이 매우 떨어지지만 비행에 적합한 신체 구조를 갖고 있어요. 그래서 사람들은 파리를 비행체 연구의 모델로 삼았어요. 특히 마이크로 공중 비행체를 만드는데 파리를 선택했답니다.

지난 100여 년 동안은 큰 비행기를 만들려고 많은 연구를 했어요. 그러나 1990년 이후에는 비행체 연구의 방향이 바뀌어서 소형 비행체에 대한 연구가 활발하게 진행되고 있답니다. 그런데 초소형 비행체 연구에는 지금까지 사용된 비행 역학이 쓸모없었어요. 대형 비행기를 만드는 데 사용되던 기술이 마이크로 공중 비행체 연구에는 적용할 수 없었거든요. 그래서 초소형 비행체를 연구하는 과학자들은 오랜 시간 동안 적응해 온 곤충의 항공 역학에 관심을 갖게 되었답니다. 그중에서 제일 먼저 눈에 띈 건 바로 파리였지요.

최근 개발된 파리 로봇은 첩보 영화에나 나올 법한 비행 로봇입니다. 미국 하버드 대학교 전기공학과 로버트 우드(Robert Wood) 교수팀이 개발한 파리 로봇은 무게 0.056g, 날개 길이 2cm의 초소형 비행체이지요. 공중에서 위아래로

오르내리며 비행할 수 있도록 만들었답니다.

한국 건국대학교 신기술융합학과 박훈철 교수팀도 무게 6g, 날개 길이 6cm의 장수풍뎅이 비행 로봇을 연구하고 있습니다. 장수풍뎅이 비행 로봇은 소형 모터를 이용한 날갯짓을 해서 비행하는 방식입니다. 앞으로 배터리, 제어 장치 등만 해결하면 자유자재로 비행하는 초소형 비행체가 완성될 것으로 기대가 크답니다.

파리는 어떤 방향으로도 이착륙이 가능하고 빠른 속도로 방향 전환도 가능한 최첨단 비행체랍니다. 그래서 미국 국방부에서는 곤충 스파이 비행기 엔터 모터를 개발하고 있지요.

기동성이 뛰어난 초소형 비행체는 정찰용으로 활용할 수 있거든요. 다양한 초소형 비행 로봇이 완성되면 수색 및 구조, 탐색, 스파이, 위험한 화학 물질 탐지, 우주 탐험, 농업 및 환경 등 여러 분야에 사용될 것으로 기대하고 있지요. 지저분하다고 싫어했던 파리가 비행 로봇을 만드는 산업 공학에서 훌륭한 모델이 되고 있답니다.

산업 공학의 모델이 된 곤충들

지구 상에서 가장 다양한 곤충은 산업 공학에서 매우 가치 있는 모델이 되고 있습니다. 특별한 능력을 갖고 있는 곤충들이 매우 많거든요. 장애물을 요리조리 잘 피하는 바퀴벌레는 최첨단 로봇 안테나를 만드는 데 힌트를 주었어요. 인공 안테나가 로봇의 전자뇌에 신호를 보내면 장애물을 피해서 빠르게 달릴 수 있지요. 지진이나 태풍 등 자연재해로 무너진 위험한 장소에서 안전하게 이동하는 차세대 로봇을 만드는 데도 로봇 안테나가 쓰일 것으로 기대하고 있습니다.

날개로 체온을 조절하는 나비를 보고 컴퓨터 칩을 냉각시키는 연구도 하고 있습니다. 바퀴벌레의 걸음걸이는 울퉁불

통한 지면을 똑바로 걸어가는 로봇 연구에 도움이 됩니다. 물 위를 떠다니는 소금쟁이의 비밀을 연구하여 물 위를 걷는 소금쟁이 로봇 '로소스트라이더'를 만들었지요. 이처럼 특별한 기능을 갖고 있는 곤충의 특성은 산업 공학에서 많이 활용되고 있답니다.

　파리의 뛰어난 비행 기술은 초소형 비행 로봇의 희망이 되고 있습니다. 그런데 파리류에는 파리보다 비행 솜씨가 훨씬 더 뛰어난 곤충이 많지요. 정지 비행을 하며 꽃가루를 찾아

과학자의 비밀노트

질병 연구의 희망 초파리

과일파리(fruit fly)라고도 불리는 초파리는 사람이 갖고 있는 질병 유전자의 70%를 가지고 있기 때문에 신경 질환, 면역 질환, 수면 및 바이오리듬, 독성 연구, 치매 및 노화 연구 등 인체의 질병 원리를 연구하는 데 큰 도움을 주고 있다.

또 초파리는 사람의 간과 비슷한 작용을 하는 지방체가 있고, 방어 전략 시스템도 인간과 닮아서 초파리 연구를 통해 항체와 면역 연구를 할 수 있으며, 사람의 이자와 비슷한 세포가 있어서 당뇨병 치료제 연구도 가능하다. 초파리는 생활사가 짧고 사육과 번식이 쉬우며 돌연변이를 잘 일으키고 재료도 저렴해서 실험에 많이 활용된다. 앞으로 초파리 연구를 통해 조류독감, 에이즈 같은 질병 연구는 물론, 암 면역 체계 연구와 바이오 신약 개발에도 큰 도움이 될 것이다.

다니는 꽃등에, 가장 빨리 날아가는 곤충인 등에, 훌쩍 날아 올라 먹잇감을 물색하는 최고의 사냥꾼 파리매 등 아주 많습 니다. 험난한 자연 세계에서 살아남기 위해 자신만의 방법을 발전시킨 다양한 파리를 연구하면 훨씬 더 좋은 비행체를 개 발할 수 있을 것입니다.

더러운 곳에 산다는 이유로 파리는 해충으로 살아야 했습 니다. 특히 파리 애벌레인 구더기는 매우 징그럽고 혐오스러 운 벌레로 생각했지요. 그러나 구더기는 물고기, 개구리, 두 꺼비, 소형 포유류, 도마뱀, 조류의 훌륭한 먹잇감입니다. 병 균을 옮기는 것만 빼면 자연계에서 꼭 필요한 생물이지요.

해충 파리가 비행 로봇을 만드는 산업 공학에서는 매우 큰 공을 세웠습니다. 파리가 없었다면 초소형 비행기 꿈은 아직 도 멀었을 겁니다. 앞으로도 다양한 곤충을 연구하여 산업 공학 기술에 더 큰 발전이 있기를 기대해 봅니다. 그렇게 되 면 인간의 생활은 더욱 풍요로워질 테니까요.

만화로 본문 읽기

으~ 징그러워요. 슬쩍 보기만 해도 간지러워요.

모기와 파리잖아요. 아니, 왜 여기에 모기와 파리가 있죠?

하하하, 당연히 파리나 모기도 곤충이니까 여기에 있는 것이죠.

곤충 표본실

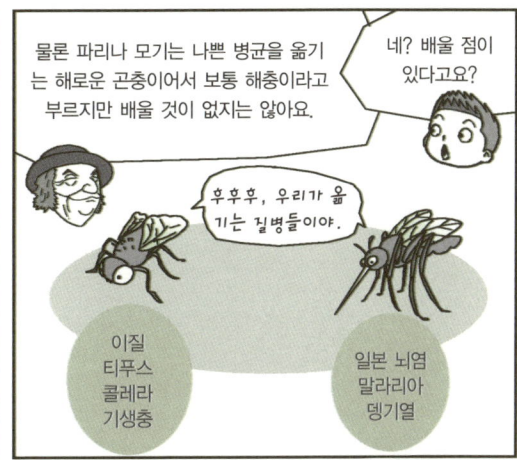

물론 파리나 모기는 나쁜 병균을 옮기는 해로운 곤충이어서 보통 해충이라고 부르지만 배울 것이 없지는 않아요.

네? 배울 점이 있다고요?

후후후, 우리가 옮기는 질병들이야.

이질
티푸스
콜레라
기생충

일본 뇌염
말라리아
뎅기열

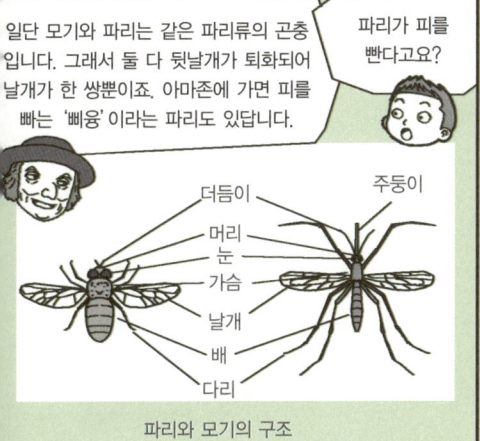

일단 모기와 파리는 같은 파리류의 곤충입니다. 그래서 둘 다 뒷날개가 퇴화되어 날개가 한 쌍뿐이죠. 아마존에 가면 피를 빠는 '삐용'이라는 파리도 있답니다.

파리가 피를 빤다고요?

더듬이
주둥이
머리
눈
가슴
날개
배
다리

파리와 모기의 구조

그런데 왜 모기는 피를 빨까요?

수컷은 꽃의 꿀이나 식물의 즙을 먹고 살지만 알을 낳아야 하는 암컷은 단백질이 필요하기 때문에 동물의 피를 빨아 먹는거예요. 사실 모기가 빨아 먹는 피의 양은 매우 적어요. 하지만 그 과정에서 몸속에 들어 있던 병균이 사람에게 전해지는 게 문제죠.

자기야 나만 고기 먹어서 미안해.

다 우리의 2세를 위한 건데 뭐 괜찮아.

그런데 이런 해충에게서 배울 점이 뭔가요?

그건 파리의 날갯짓이에요. 파리는 비행에 적합한 신체 구조를 갖고 있어서 그것을 작은 비행체 연구에 모델로 적용하고 있지요. 큰 비행기의 비행 역학은 작은 비행체엔 쓸모가 없기 때문에 바로 파리의 비행 원리를 응용한 것이죠.

너 정체가 뭐야? 나랑 비슷하잖아.

다른 예도 있나요?

물론이죠. 곤충은 산업 공학에서 매우 가치 있는 모델이 되고 있어요. 특별한 능력을 갖고 있는 곤충들이 많으니까요.

모델 곤충과 결과물
바퀴벌레 – 장애물을 피하는 로봇의 안테나
나비 – 컴퓨터 칩을 냉각시키는 방법
소금쟁이 – 물 위를 걷는 소금쟁이 로봇 '로소스트라이더'

3

장수풍뎅이와 애완 곤충

야행성 곤충이자 애완 곤충인 장수풍뎅이에 대해 알아봅시다.

3

장수풍뎅이와
애완 곤충

둘째 날 저녁, 파브르는 깜깜한 밤에 우리를 숲으로 데려갔다.

소용돌이치듯 불빛에 몰려드는 야행성 곤충

　밤공기가 아주 좋지요. 여러분을 밤에 모이라고 한 건 밤에 활동하는 곤충을 만나기 위해서예요. 곤충은 주로 낮에 활동하지만 밤에 활동하는 야행성 곤충도 많이 있습니다. 그래서 지금부터 야행성 곤충들을 만나 보려고 합니다.

　__ 선생님, 으스스해서 무섭기만 해요.

　__ 숲에서 뭐라도 튀어나올 것만 같아요.

　모두 안심해도 됩니다. 숲은 우리가 생각하는 것처럼 무서

운 곳이 아니거든요. 오늘은 우리가 야행성 곤충들을 찾으러 직접 가지 않고 야행성 곤충들을 불러 모을 거예요. 내가 곤충들을 불러 모으는 특별한 비법을 알고 있거든요. 그럼 지금부터 야행성 곤충들을 불러 모아서 신비로운 곤충 이야기를 해 봅시다.

야행성 곤충을 불러 모으려면 유인등을 설치해야 하는데 더 어두워지면 설치가 힘드니까 부지런히 서둘러 봅시다. 모두 수고한 덕분에 유인등이 다 완성되었는데, 어느덧 날이 완전히 깜깜해졌군요. 이제 야행성 곤충들이 기지개를 켜고 일어날 시간이 되었네요. 유인등을 켜서 곤충들을 불러 모아 볼까요.

__ 우아, 불빛이 정말 밝아요.

__ 환한 대낮 같아요.

주변을 둘러보세요. 우리가 켜 놓은 불빛을 가릴 만한 게 아무것도 없지요. 숲 속 깊은 곳에 살고 있는 곤충이 불빛을 보고 모여들려면 불빛이 가려지면 안 됩니다. 사방이 훤히 트인 공간에 유인등을 설치하는 게 가장 좋지요. 야행성 곤충들 모두 볼 수 있도록 말이지요. 이제 우리가 할 일은 야행성 곤충이 불빛을 보고 모여들 때까지 기다리면 된답니다.

유인등에서 내뿜는 환한 불빛의 정체는 수은등입니다. 수은등은 곤충을 가장 잘 불러 모으는 불빛이지요. 곤충은 500~700nm 정도의 파장을 가진 수은등 불빛에 제일 잘 모여드니까요. 야행성 곤충 가운데 불빛을 보고 유인되는 곤충이 많습니다. 불빛을 보고 곤충이 모여드는 성질을 주광성이라고 합니다.

＿ 곤충은 왜 불빛을 보고 모여드는 건가요?

대부분의 사람들은 곤충이 불빛을 좋아해서 모인다고 생각해요. 하지만 곤충은 불빛을 좋아하지 않습니다. 어쩔 수 없이 불빛에 모여드는 겁니다. 보통 야행성 곤충들은 달빛과

별빛을 기준으로 방향을 잡고 날아갑니다. 멀리서 오는 달빛을 기준으로 90° 방향으로 꺾여서 이동하게 되지요.

그런데 수은등 불빛이 이렇게 가까운 곳에 켜지면 야행성 곤충은 제대로 날 수가 없어요. 수은등 불빛은 여러 갈래로 둥글게 퍼지거든요. 각각 퍼지는 불빛을 기준으로 90° 각도로 꺾여 날아가다 보면 소용돌이치듯 원을 그리게 됩니다. 수은등 불빛에 방해를 받은 야행성 곤충들은 어쩔 수 없이 불빛 속으로 빨려 들어가게 됩니다.

__ 선생님, 흰 천은 왜 걸어 놓은 건가요?

흰 천은 수은등 불빛이 야행성 곤충에게 더 잘 보이게 하는 효과가 있습니다. 환한 불빛이 곤충에게 잘 퍼져 나가도록 돕지요. 과연 어떤 곤충이 먼저 날아올지 모두 생각해 봅시다.

애완 곤충이 된 장수풍뎅이

벌써 불빛을 보고 나방이 날아왔네요. 나방은 야행성 곤충 가운데 숫자가 가장 많고 비행 능력도 좋아서 불빛에 제일 먼저 날아옵니다. 대부분 야행성이어서 밤에 관찰해야 다양한 나방을 볼 수 있답니다. 숲에 사는 곤충들이 우리가 켜 놓은 수은등 불빛을 본 것 같군요. 지금부터 어떤 곤충들이 날아오는지 순서대로 살펴봅시다.

__ 으악~, 새가 날아왔어요.

저건 새가 아니라 새처럼 큰 참나무산누에나방이에요. 날개에 눈알 무늬가 있는 나방이지요. 이제 조금만 더 기다리면 이번 시간에 만날 장수풍뎅이가 날아올 거 같군요.

__ 와! 정말로 장수풍뎅이를 만날 수 있다고요?

그렇고말고요. 여긴 장수풍뎅이가 살고 있는 숲이거든요. 운이 좋으면 장수풍뎅이뿐 아니라 사슴벌레와 하늘소까지도 볼 수 있답니다. 장수풍뎅이를 직접 길러 본 학생도 있겠지만 숲에서는 직접 보지 못했을 거예요. 그런데 직접 장수풍뎅이를 만나려면 기다림이 필요합니다. 날아올 때까지 시간이 많이 걸리거든요.

장수풍뎅이는 덩치가 커서 몸이 매우 무겁습니다. 딱딱한 딱지 날개를 갖고 있어서 비행 실력이 형편없지요. 불빛을 발견했지만 서투른 솜씨로 날아가다 보면 번번이 나무에 부딪쳐서 떨어지고 말지요. 정신을 차리고 또다시 날아가기를 수없이 반복하다 보니 늦게 올 수밖에 없답니다. 장수풍뎅이가 숲 속 깊은 곳에 사는 것도 문제겠지요.

그럼 장수풍뎅이가 날아올 때까지 장수풍뎅이가 어떤 곤충

인지 먼저 알아보도록 합시다. 장수풍뎅이는 풍뎅이상과 장수풍뎅이아과에 속하는 곤충입니다. 한국에 살고 있는 풍뎅이 중에서는 가장 몸집이 큰 곤충이지요. 일본, 중국, 인도 등에서도 살고 있어요. 한국에서는 약 15년 전만 해도 장수풍뎅이 숫자가 크게 줄어들어서 보호종으로 지정되기도 했지요.

다행히 몇몇 사람들이 장수풍뎅이 사육이 쉽다는 걸 알아냈답니다. 그렇게 되면서 보호 곤충이던 장수풍뎅이가 애완 곤충으로 바뀌었지요. 최근에는 멋진 뿔을 갖고 있는 장수풍뎅이에 대한 관심이 날로 커지고 있답니다. 멋진 사슴뿔을 갖고 있는 사슴벌레에 대한 사육도 이루어지고 있지요. 곤충 농장과 곤충 쇼핑몰까지 등장하면서 애완 곤충을 좋아하는 친구들이 점점 더 많아지고 있답니다.

애완 곤충의 천국은 바로 일본입니다. 헤라클레스왕장수풍뎅이, 코카서스장수풍뎅이 등의 외국 곤충을 가장 많이 기르고 있는 나라가 일본이거든요. 일본에는 곤충 자판기까지 등장할 정도로 곤충 산업이 매우 발달했어요.

그러나 한국에서는 외국 곤충을 기를 수 없답니다. 살아 있는 곤충을 몰래 들여와서 기르는 건 불법이랍니다. 외국 곤충이 한국에 들어오면 생태계에 큰 혼란이 발생할 수 있기 때

문이지요. 황소개구리가 토종 개구리와 뱀을 잡아먹어 생태
계 교란을 일으킨 것처럼 몸집이 큰 외국 장수풍뎅이가 한국
장수풍뎅이를 몰아낼 위험이 큽니다. 그래서 국립식품검역
소에서 곤충 밀반입과 밀거래를 단속하고 있답니다.

투두둑투두둑.

__ 선생님, 저건 뭐예요?
모두 놀라지 말고 침착해요. 우리가 기다리던 장수풍뎅이
가 드디어 날아온 것 같군요. 지금은 불빛에 놀랐기 때문에

안정을 찾지 못하고 있는 거예요. 그래서 이러지도 저러지도 못하고 정신없이 날고 있는 겁니다. 장수풍뎅이가 날아가는 모습을 잘 살펴보세요. 단단한 앞날개를 들어 올리고 접어 놓았던 뒷날개를 펴고 날아가는 걸 볼 수 있지요.

날개를 펴고 날아가는 장수풍뎅이는 매우 커 보입니다. 장수풍뎅이는 잠자리채로 잡는 것이 가장 쉬운 방법이에요. 그러나 잠자리채가 없다면 손이나 책으로 툭 쳐서 일단 떨어뜨리는 게 좋아요. 떨어지고 나면 손으로 잡을 수 있으니까요. 장수풍뎅이가 땅바닥에 부딪쳐도 큰 문제는 없어요. 단단한 갑옷을 입고 있어서 웬만한 충격에는 끄떡없으니까요. 그렇다고 너무 세게 치면 장수풍뎅이도 부상을 입을 수 있으니 조심해야 합니다.

곤충들의 결투

숲 속에 사는 장수풍뎅이는 나뭇진을 먹고 삽니다. 나뭇진에는 다양한 곤충들이 함께 모여들지요. 사슴벌레, 하늘소, 버섯벌레, 왕바구미, 나방 등의 곤충들은 모두 나뭇진에 모입니다. 여러분은 여기서 가장 힘센 곤충이 누구라고 생각하나요?

　__ 당연히 멋진 뿔로 뒤집어 버리는 장수풍뎅이지요.

　__ 아니에요. 튼튼한 집게로 결투하는 사슴벌레가 가장 힘센 것 같아요.

　어느 쪽이든 이길 수 있어요. 물론 똑같은 크기의 장수풍뎅이와 사슴벌레가 싸운다면 힘이 좋은 장수풍뎅이가 승리할 겁니다. 그러나 몸집이 다소 작은 장수풍뎅이와 덩치 큰 사슴벌레가 싸운다면 사슴벌레가 이기겠지요. 특히 한국에는

넓적사슴벌레, 톱사슴벌레, 애사슴벌레, 다우리아사슴벌레, 왕사슴벌레 등의 다양한 사슴벌레가 살고 있어요. 사슴벌레들은 종류마다 덩치와 힘이 다르지요. 그래서 장수풍뎅이와 싸워서 이기기도 하고 지기도 한답니다.

몸집이 작은 애사슴벌레와 다우리아사슴벌레는 장수풍뎅이와 결투해 봤자 소용없어요. 강아지가 호랑이에게 덤비는 것과 같으니까요. 그래서 그들은 싸울 생각조차 하지 않고 장수풍뎅이와 맞닥뜨리기 전에 피해 버린답니다. 그러나 장수풍뎅이와 덩치가 비슷한 넓적사슴벌레와 왕사슴벌레는 서로 겨뤄 볼 만합니다. 특히 싸움을 제일 잘하는 넓적사슴벌레와 붙으면 볼만한 싸움이 된답니다.

사슴벌레 중 최고의 싸움꾼은 넓적사슴벌레랍니다. 힘이 세고 싸움을 워낙 좋아해서 한 치의 양보도 없답니다. 장수풍뎅이보다 덩치가 더 큰 넓적사슴벌레도 있습니다. 그래서 장수풍뎅이도 넓적사슴벌레만 만나면 힘든 결투가 되지요. 평범한 장수풍뎅이가 넓적사슴벌레에게 도전했다가는 벌러덩 뒤집어지고 만답니다.

그런데 곤충의 결투에서 몸집이 크다고 무조건 승리하는 건 아닙니다. 힘이 비슷할 경우에는 누가 먼저 공격하는지가 매우 중요하지요. 먼저 공격을 하면 이길 확률이 매우 높습니다. 공격이 최선의 방어가 되는 겁니다. 결투할 때의 자세도 중요해요. 공격하기 유리한 자세에서 상대와 만나면 승리할 확률이 높으니까요. 불안정한 자세인데 상대방에게 공격을 받으면 나무에서 쉽게 떨어지고 만답니다.

싸움을 좋아하는지도 중요해요. 장수풍뎅이 중에도 얌전한 장수풍뎅이와 괴팍한 장수풍뎅이가 있거든요. 무조건 돌격하며 싸우려는 성격을 가진 장수풍뎅이는 싸움을 잘하지만 얌전한 성격의 장수풍뎅이는 패자가 된답니다. 아무튼 곤충들의 결투에서 승리하려면 힘, 선제 공격, 결투 자세, 싸움을 좋아하는 성격이 모두 중요하답니다.

중국에서는 귀뚜라미를 길러서 싸움을 시킵니다. 소싸움, 닭싸움을 시키는 것처럼 말이지요. 요즘에는 충왕전을 통해 사마귀, 장수풍뎅이, 하늘소, 사슴벌레 등의 다양한 곤충들의 결투를 지켜봅니다. 그러나 충왕전에 나오는 곤충들은 모두 힘들어 보입니다. 처음 결투할 때는 싸우기보다는 피하려고 하지요. 아무리 힘이 센 곤충도 처음부터 성질을 부리지는 않으니까요. 숲에 사는 곤충들은 생존과 번식 때문에 어쩔 수 없이 싸우고 잡아먹지요. 살아가는 데 문제가 없다면 일부러 죽이거나 싸우는 일은 결코 없지요. 더욱이 힘이 세다고 힘자랑하는 곤충도 없답니다.

애완 곤충 산업

장수풍뎅이는 인공 사육 때문에 보호 곤충에서 애완 곤충
이 되었습니다. 곤충을 사육하려면 우선 먹이가 있어야 하겠
지요. 먹이가 공급되어야 안정적으로 기를 수 있으니까요.
그래서 먹이를 기르거나 먹이를 대체하는 인공 사료 개발도
필요하지요. 영양소가 충분히 들어 있어야 하고 입맛에도 맞
아야 하고 세균이나 곰팡이에 오염되어 있어도 안 되지요.
다행히 장수풍뎅이 먹이로는 곤충용 젤리가 나와 있어서 문
제가 없어요. 젤리 외에도 과일이나 설탕물을 먹이로 이용할
수 있어 사육하는 데 전혀 문제가 없답니다.

곤충을 기르는 사육 환경도 매우 중요합니다. 그늘진 숲에
사는 장수풍뎅이를 햇볕이 잘 드는 곳에 두는 건 좋지 않지
요. 햇빛, 온도, 습도 등을 관리해서 자연 환경과 비슷하게
만들어 주는 게 제일 좋습니다.

애완용 곤충을 사육하는 연구는 계속 진행되고 있습니다.
왕사슴벌레, 장수풍뎅이, 나비, 귀뚜라미, 배추흰나비, 누에,
물방개 등을 애완용과 자연 학습용으로 개발하여 상품화하
려고 하고 있지요. 날개를 비벼서 소리를 내는 귀뚜라미는
소리 곤충으로 사육하고, 물방개는 물속에 사는 곤충의 생활

을 관찰하는 데 이용되고 있답니다.

　도시화와 산업화에 따라 정서가 메말라 가고 있어서 애완용 곤충 산업은 점점 더 번성할 전망입니다. 일 년 내내 관람이 가능한 곤충 생태관, 곤충 박물관, 나비 공원은 사람들에게 휴식 공간이 되고 있지요. 교육 학습용 곤충, 취미 관찰용 곤충 표본 및 곤충 사육 키트가 점점 늘어나고 있으며 곤충을 통해 문화, 교육, 취미, 생태 관광까지도 이루어지고 있답니다.

　누에와 꿀벌 사육에서 시작한 곤충 산업은 애완 곤충까지 확대되었습니다. 자연 학습용 곤충 수요가 늘면 새로운 농가 소득원이 될 거라고 기대하고 있지요. 다양한 고부가 가치의 신약 개발, 식품, 섬유 등의 산업용 소재가 되는 곤충도 함께 사육하게 된다면 더욱 좋겠지요. 앞으로 곤충 사육을 통한 고부가 가치 곤충 산업이 발달될 거라고 기대해 봅니다.

만화로 본문 읽기

아니, 박사님! 이 밤에 곤충에 대해 공부하는 건가요?

그럼요, 밤에 주로 활동하는 곤충들도 있으니까 이 곤충들은 밤에 만나 봐야 해요.

와, 저기 봐요. 곤충들이 모이기 시작했어요. 불빛을 좋아하나 봐요.

아니요. 곤충들은 사실 불빛을 좋아하지 않아요. 단지 방향을 잡기 위해 달빛과 별빛을 기준으로 90° 방향으로 꺾어서 이동하는데 전등의 불빛을 피해 꺾어 날다 보니 소용돌이치듯 원을 그리게 되는 겁니다.

장수풍뎅이가 왔네요. 장수풍뎅이는 풍뎅이상과 장수풍뎅이과에 속하는 곤충으로 한국의 풍뎅이 중 몸집이 큰 곤충이지요. 하지만 15년 전만 해도 장수풍뎅이 숫자가 크게 줄어들어서 보호종으로 지정되기도 했지만 요즘엔 많은 사람이 기르는 애완 곤충으로 바뀌었답니다.

장수풍뎅이

그런데 장수풍뎅이는 뭘 먹고 살죠?

장수풍뎅이는 나뭇진을 먹고 살아요. 나뭇진에는 다양한 곤충들이 함께 모여드는데 사슴벌레, 하늘소, 버섯벌레, 왕바구미, 나방 등의 곤충들이 모이죠.

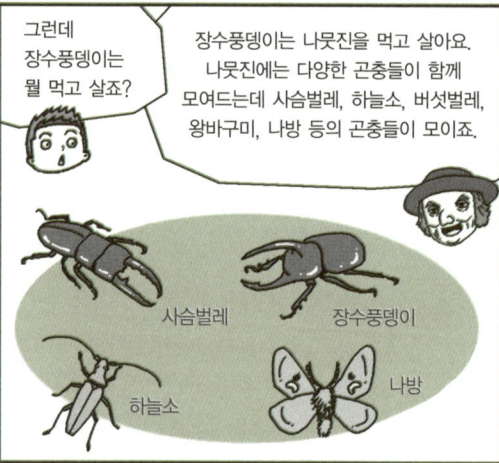

사슴벌레

장수풍뎅이

하늘소

나방

그럼 장수풍뎅이는 어떻게 기르나요?

장수풍뎅이는 그늘진 숲에서 살기 때문에 햇볕이 잘 들지 않은 그늘에서 온도, 습도 등을 관리해서 자연 환경과 비슷하게 만들어 주고 먹이는 곤충용 젤리나 과일이나 설탕물을 주어 기를 수가 있습니다.

그늘에 습도, 온도까지 딱 좋아.

그 외 다른 애완용 곤충은 없나요?

왕사슴벌레, 장수풍뎅이 외에 나비, 귀뚜라미, 배추흰나비, 누에, 물방개 등을 애완용과 자연 학습용으로 상품화하려고 하고 있지요.

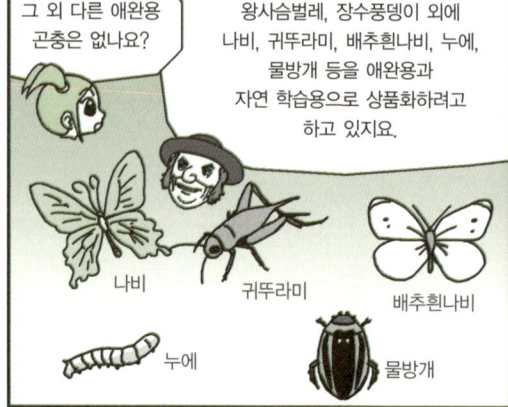

나비

귀뚜라미

배추흰나비

누에

물방개

굼벵이와 약용 · 식용 곤충

약용과 식용으로 유익하게 사용되는 곤충에 대해 알아봅시다.

4

굼벵이와
약용 · 식용 곤충

셋째 날 아침,
파브르를 따라 곤충 농장을 방문했다.

느릿느릿 굼벵이

　모두 피곤해 보이는군요. 어젯밤 야행성 곤충 관찰이 힘들었지요? 다 함께 기지개를 켜고 신비로운 곤충 이야기 속으로 떠나 봅시다. 오늘은 여러분과 곤충을 사육하고 있는 곤충 농장으로 갈 거예요. 오늘의 주인공은 곤충 농장에서 만날 수 있답니다.

　__ 와, 신난다. 장수풍뎅이 농장인가요?

　물론 우리가 찾아갈 곤충 농장에서도 장수풍뎅이를 기르고

있어요. 하지만 오늘의 곤충은 장수풍뎅이와 함께 사육하고 있는 곤충이랍니다. 장수풍뎅이와 닮았지만 특별한 능력을 갖고 있는 곤충이지요. 모두 잠이 깬 것 같으니 차를 타고 곤충 농장으로 출발합시다.

__ 선생님, 여기는 채소를 기르는 농장이잖아요?

아니에요. 곤충 농장도 채소를 기르는 농장과 비슷합니다. 비닐하우스에서 곤충을 기르는 경우가 많지요. 곤충 사육은 인간이 곤충을 활용하기 위해서 기르는 거랍니다. 다 함께 곤충 농장 안으로 들어가서 어떻게 곤충을 기르는지 알아봅시다.

톱밥이 많이 있는 곳을 자세히 살펴보세요. 저기 꿈틀거리며 기어가는 엄청 큰 애벌레가 바로 장수풍뎅이 애벌레랍니다. 장수풍뎅이는 애벌레 시절에 얼마나 많이 먹느냐에 따라 곤충의 몸집이 결정됩니다. 하지만 애벌레 때 잘 먹지 못하면 어른이 되어도 작은 장수풍뎅이가 될 수밖에 없어요. 어른이 된 뒤에 많이 먹으면 아무 소용도 없답니다.

저쪽에는 오늘의 주인공인 작은 애벌레들이 바글거리고 있네요. 이 작은 애벌레가 바로 흰점박이꽃무지 애벌레랍니다. 크기는 작지만 생김새는 장수풍뎅이 애벌레랑 닮았어요. 장수풍뎅이와 흰점박이꽃무지 모두 풍뎅이류의 애벌레니까요.

번데기 방을 세로로 길쭉하게 만드는 것까지도 닮았답니다.

흰점박이꽃무지 애벌레는 굼벵이라 부릅니다. 보통 굼벵이 하면 매미 애벌레로 알고 있는 경우가 많은데 굼벵이는 굼벵이형 애벌레를 모두 일컫는 이름입니다. 몸이 둥글게 휘어져서 알파벳 C자처럼 보이는 장수풍뎅이, 사슴벌레, 꽃무지, 풍뎅이 애벌레를 모두 굼벵이라고 부르지요.

'C'자로 휘어져 있는 흰점박이꽃무지 애벌레 굼벵이

__ 선생님, 굼벵이가 이상하게 기어가요.

흰점박이꽃무지 애벌레는 앞으로 기어가지 않아요. 다리가 너무 짧고 약해서 힘이 없거든요. 몸이 원통형으로 생겨서 다리가 땅에 잘 닿지도 않아요. 그래서 굼벵이는 등의 주름을 발달시켜서 앞으로 기어가는 대신 몸을 뒤집어서 등으로 기어가는 거예요. 물론 간혹 앞으로 잠깐 기어가는 경우도

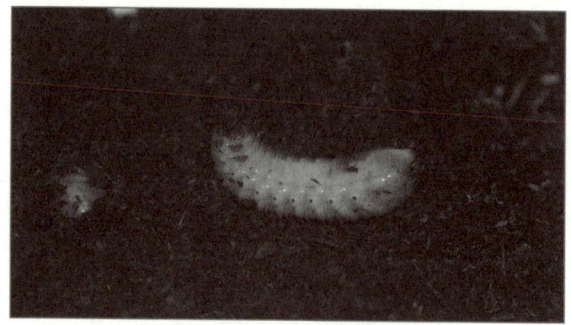

등으로 기어가는 굼벵이

있지요. 바쁠 때 꽃게가 앞으로 기어가는 것처럼요. 그렇지만 대부분은 등으로 기어간답니다.

흰점박이꽃무지 애벌레는 금방 몸을 휙 뒤집어서 등으로 기어갑니다. 그러나 아무리 빨리 움직여도 빠르지는 않지요. '굼벵이처럼 느려 터져서 답답해 죽겠네'라는 말처럼 굼벵이는 굼뜨지요. 위험이 닥치면 빨리 도망치기보다는 몸을 최대한 둥글게 말아서 웅크립니다. 그래야 살아남기 유리하거든요. 움직였다가는 살아 있는 애벌레를 공격하는 천적에게 당하니까요.

약효가 뛰어난 굼벵이

흰점박이꽃무지 애벌레는 약효가 뛰어납니다. 그래서 옛날부터 초가지붕 아래에 살던 굼벵이를 약재로 사용했지요. 1960~1970년대만 해도 굼벵이를 어디서나 쉽게 볼 수 있었어요. 당시에는 초가집이 많았으니까요. 지붕을 교체할 때마다 짚더미 속에는 굼벵이가 득실거렸어요. 굼벵이는 주로 볏짚이나 식물의 뿌리를 먹고 사니까요. 초가지붕은 굼벵이의 아늑한 보금자리였던 거랍니다.

그러나 초가지붕이 기와집으로 바뀌고, 아파트와 빌딩이 들어서면서 굼벵이의 서식처가 점점 줄어들었지요. 그래서 요즘은 굼벵이를 약재로 사용하기 위해서 인공 사육을 하고 있답니다. 이 곤충 농장도 한약재로 사용되는 굼벵이를 사육하는 곳이랍니다. 장수풍뎅이가 애완 곤충으로 인기 있는 것처럼 굼벵이는 약재로 매우 중요하게 사용되고 있습니다.

굼벵이는 2000년 전부터 중요한 약재로 취급되어 왔어요. 한방에서 굼벵이를 제조라 하는데, 제조의 맛은 짜고 성질은 약간 따뜻하지요. 제조는 팔다리가 저려서 잠을 잘 수 없거나 눈에 백태가 낄 때 효능이 있답니다. 또한 뼈가 부러지거나 삐었을 때도 좋고 혈액 순환에도 매우 좋습니다.

몸에 붓기가 있고 추위를 타는 태음인이 말린 밤과 함께 굼벵이를 달여 먹으면 효과가 있다고 해요. 체력이 부족할 때 보약에 제조를 넣으면 효력을 높일 수 있지요. 최근에는 중풍과 당뇨 등의 난치성 질병에도 효과가 있다고 합니다. 그러나 굼벵이는 체질과 병에 대한 전문가의 진단에 따라 먹는 게 중요합니다. 무턱대고 먹다가는 부작용이 생길 위험이 있으니까요.

굼벵이처럼 약용으로 쓰이는 곤충은 매우 많습니다. 헤엄을 잘 치는 물방개는 혈액 순환을 돕고 콩팥을 튼튼히 하는 데 쓰이지요. 나무굼벵이라 불리는 하늘소는 혈액 순환을 잘 되게 하고 해독 작용에도 사용됩니다. 비단벌레는 피부병에, 딱정벌레는 만성 소화 불량에, 반묘라 불리는 가뢰와 말똥구

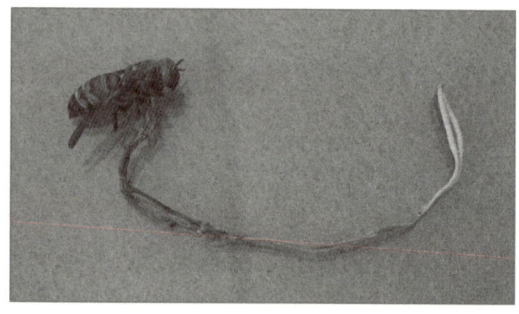

동충하초

리는 독을 제거하고 항암 작용에 사용됩니다. 《동의보감》에
도 95종의 약용 곤충이 등장할 정도로 약재로 쓰이는 곤충은
아주 다양합니다.

특히 《동의보감》에서 가장 주목하는 약재는 동충하초입니
다. 동충하초는 겨울에는 곤충의 몸에 있다가 여름에는 풀처
럼 나타난다는 의미지요. 동충하초균이 곤충에 침입하여 곤
충을 죽이고 나면 곤충의 영양분을 이용해서 자랍니다. 동충
하초는 한방 약재로 이용되거나 농작물에 피해를 주는 해충
을 방지하는 데 이용되지요. 중국에서는 인삼, 녹용과 함께
3대 한방 약재로 취급할 정도로 동충하초를 중요한 약재로
생각한답니다.

동충하초는 사람에게 매우 유익한 성분이 들어 있습니다.
필수 아미노산과 미네랄 그리고 불포화 지방산이 가득 들어
있어요. 비타민 B12도 있어서 악성 빈혈을 예방하고 뇌 활동
을 활성화시키지요. 집중력과 기억력을 향상시키고 신경 활
동과 간을 보호하는 역할을 하며 허파를 보호하고 신장을 튼
튼하게 해 줍니다. 그래서 불로장생 약으로 인기가 많답니다.

특히 동충하초는 면역 기능을 강화시킵니다. 동충하초에
들어 있는 코르디세핀은 저하된 면역력을 높이는 역할을 하
지요. 정상 세포가 암세포로 되는 것도 방지합니다. 인체의

노화를 유발하는 균을 죽이는 살균 작용도 합니다. 면역력을 높여 주기 때문에 어떤 병에도 잘 걸리지 않도록 해 주며 병에서 회복되는 속도도 매우 빠릅니다. 동충하초는 자연 치유력도 갖고 있습니다. 심한 운동으로 체력 소모가 심할 때 빠르게 체력을 회복시키는 효과도 있답니다.

동충하초를 비롯해 반묘, 백강잠, 굼벵이, 지렁이, 거머리, 지네, 전갈, 거미 등은 약재로 이용되고 있는 곤충들입니다. 한국 생명공학연구원에서는 약재로 활용될 가치가 있는 곤충을 100여 종이나 발견했지요. 앞으로 제약 회사와 바이오 벤처 기업에서 자원 곤충 연구를 통해 고지혈증, 당뇨병, 비만, 항암, 간질환 등에 효능이 좋은 의약품을 개발할 수 있기를 기대합니다.

영양가가 풍부한 식용 곤충, 미래의 대체 식품

약재로 이용되는 곤충도 많지만 오래전부터 곤충은 식용으로도 사용되었답니다. 아프리카와 아랍 국가에서는 메뚜기를 식용으로 사용하고 있지요. 미국, 일본, 유럽에서는 번데기로 고급 영양 음료와 식료품을 만들었지요. 콩고에서는 시

다양한 식용 곤충

장과 농촌 거리마다 식용 곤충을 판매하고 있습니다. 원주민들은 굼벵이와 흰개미를 산 채로 잡아먹지요. 전 세계에 곤충을 식용으로 먹는 국가는 매우 많답니다.

중국에는 식용 곤충이 100여 종이나 있을 정도로 인기가 높습니다. 한국 포장마차에서는 떡볶이와 순대를 팔지만 중국과 동남아시아의 포장마차에서는 곤충 튀김을 팔고 있지요. 메뚜기, 매미, 번데기 등의 곤충은 단백질, 비타민, 효소가 풍부하게 들어 있고 영양분이 잘 흡수되기 때문에 매우 유익한 식품입니다.

영양분이 풍부한 곤충 요리는 중국에서 크게 발달했습니다. 볶고, 튀기고, 삶고, 무치고, 조리고, 비비는 등 다양한 방법으로 곤충 요리를 만들지요. 곤충으로 조미료, 술, 음료도 만들고 우주 비행사의 식품으로도 개발하고 있습니다. 이처럼 다양한 식용 곤충이 등장하고 있지만 한국 사람들은 곤충 요리에 쉽게 입을 갖다 대지 않는 것 같아요. 아직까지 곤충 요리가 징그럽다는 선입견을 갖고 있는 것이지요. 영양분이 풍부한 식용 곤충을 이용하기 위해서는 이런 편견부터 없애야 할 것입니다.

날이 갈수록 인구 증가와 가축 질병으로 식량이 점점 부족해지면서 대체 식품의 중요성이 커지고 있는데, 특히 곤충이 식량 자원으로서의 가치가 높아지고 있습니다. 식량 농업 기구(Food and Agriculture Organization: FAO)에서는 아프리카의 식량으로 영양가가 높은 식용 곤충이 도움을 주고 있다고 밝혔습니다. 중앙아프리카에서는 이미 애벌레와 구더기가 중요한 식품이 되었지요. 중앙아프리카의 85%, 콩고 민주공화국의 70%, 보츠와나의 91%는 곤충과 유충을 주요 식품으로 먹고 있습니다. 숲 속에서 채취된 곤충은 영양가도 풍부하고 병균도 없어서 중요한 식품이 될 수 있답니다.

말린 유충 100g만으로 사람이 하루에 필요로 하는 미네랄과 비타민을 충분히 섭취할 수 있습니다. 칼슘과 아연, 칼륨, 마그네슘, 철분 같은 미네랄과 비타민까지도 골고루 포함되어 있지요. 이래서 식량 부족 국가에서는 곤충이 주요 식량이 되고 있습니다. 그리고 곤충 채집은 아프리카 여성들의 훌륭한 소득원이 되고 있답니다. 채집된 곤충이 수단, 나이지리아 같은 국가뿐 아니라 프랑스, 벨기에까지 수출되고 있으니까요. 이처럼 곤충은 미래 대체 식품으로 활용 가능성이 큰 중요한 자원입니다.

곤충은 약용과 식용으로 많이 활용되고 있습니다. 제대로 활용하기 위해서는 사육이 제일 중요하지요. 곤충을 적당히 잡아서 활용하는 건 어렵거든요. 채집을 하다 보면 과도하게 잡아서 물고기나 개구리처럼 멸종 위기에 몰릴지도 모르지요. 그래서 약용이나 식용으로 활용하려면 곤충을 사육하는 방법을 연구하는 게 무엇보다 중요하답니다.

이곳은 흰점박이꽃무지 애벌레를 사육하고 있는 농장이에요.

와~, 애벌레가 정말 많아요.

으~ 조금 징그러운데요.

흰점박이꽃무지 애벌레는 굼벵이라 불려요. 보통 굼벵이 하면 매미 애벌레로 알고 있지만, 몸이 둥글게 휘어져서 C자처럼 보이는 장수풍뎅이, 사슴벌레, 꽃무지, 풍뎅이의 애벌레 모두를 굼벵이라고 부르지요.

말로만 듣던 굼벵이가 바로 애벌레였군요.

우리가 그 유명한 굼벵이야.

| 장수풍뎅이 애벌레 | 사슴벌레 애벌레 | 꽃무지 애벌레 | 풍뎅이 애벌레 |

굼벵이는 다리가 너무 짧고 힘이 없어서 앞으로 기어가지 않아요. 대신 몸을 뒤집어서 발달된 등의 주름을 이용해 기어 다니기 때문에 느릴 수밖에 없죠.

아, 그래서 굼벵이처럼 느리다는 말이 나온 거군요.

꿈틀   꿈틀

그런데 이렇게 많은 굼벵이를 왜 사육하는 거죠?

흰점박이꽃무지 애벌레는 약효가 뛰어나서 오래전부터 약재로 사용했어요. 옛날엔 쉽게 구할 수 있었지만 요즘엔 구하기가 힘들어 이렇게 사육을 해야 하지요.

왝~, 먹는다고요?

굼벵이는 팔다리가 저리거나 뼈가 부러졌을 때, 혈액 순환에도 매우 좋답니다.

당연하죠. 굼벵이가 얼마나 영양가가 풍부한 식품인데요. 다른 곤충들도 아주 오래전부터 식용으로 사용되어 왔답니다.

우리는 오래전부터 메뚜기를 먹어왔어요.

아랍

우린 번데기로 고급 영양 음료와 식료품을 만들었지요.

미국

우리나라의 시장에서는 식용 곤충을 판매하고 있습니다.

콩고

요즘엔 인구 증가와 가축 질병으로 식량이 점점 부족해지면서 대체 식품의 중요성이 커지고 있어 곤충은 식량 자원으로서 가치가 높아지고 있어요. 그런 뜻에서 오늘 아침은 굼벵이가 어떨까요?

윽~ 아니요. 사양할래요.

다섯 번째 수업 5

누에와 산업 곤충

동서양 무역의 실크로드를 연 누에가 어떻게 산업적으로 이용되는지 알아봅시다.

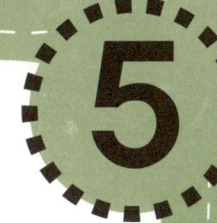

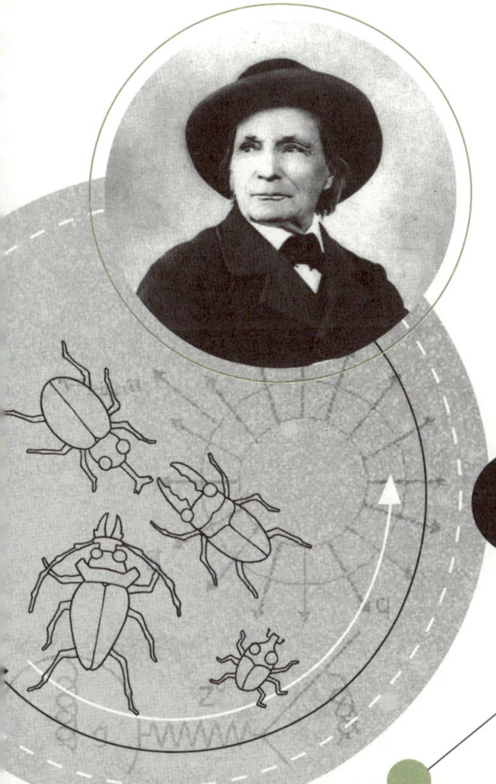

5

누에와 산업 곤충

셋째 날 오후, 파브르는 비단을 만드는 누에에 대해 설명했다.

실크로드의 주인공, 비단실을 만드는 누에

곤충은 오래전부터 산업적으로 활용되어 왔습니다. 이번 시간에 살펴볼 곤충은 산업적으로 중요하게 사용되고 있는 곤충입니다. 모두 이리로 모여 보세요. 꼬물대며 기어가는 애벌레가 보이지요? 이 애벌레가 산업적으로 중요하게 사육되어 온 누에랍니다. 혹시 누에가 자라면 무엇이 되는지, 아는 사람 있나요?

__ 누에는 그냥 누에 아닌가요? 누에가 자라면 다른 생물

체로 바뀌나요?

가슴다리 세 쌍과 배다리 네 쌍을 갖고 꼬물대며 기어가는 누에는 아직 애벌레이지요. 그러나 열심히 먹고 자라서 어른이 되면 누에나방이 된답니다. 루프 모양으로 몸을 구부려서 이동하는 자벌레가 어른이 되면 자나방이 되고, 뾰족뾰족한 가시가 나 있는 쐐기가 어른이 되면 쐐기나방이 되는 것처럼 말이지요.

나방은 애벌레와 어른의 모습이 전혀 다릅니다. 완전 변태를 하기 때문이지요. 완전 변태를 하는 곤충은 애벌레의 모습을 보고 어른의 모습을 상상하기 어렵습니다. 번데기를 거치면서 애벌레가 전혀 다른 모습의 성충이 되니까요. 누에도 마찬가지입니다. 누에의 모습을 보고 어른이 된 누에나방의

누에와 누에나방

모습을 상상하기란 어렵지요.

　누에는 고치를 만드는 특별한 능력이 있습니다. 스스로 실을 뽑아서 고치를 짓고 그 속에서 번데기가 되지요. 사람들은 누에고치에서 실을 뽑을 수 있다는 것을 알고선 누에고치에서 실을 뽑는 기구인 물레를 만들었답니다. 물레는 솜이나 털 따위의 섬유를 자아서 실을 만들어 내는 기구이지요. 저쪽에 물레가 있네요. 우리 다 함께 고치에서 실을 뽑아 볼까요?

　__ 선생님, 너무 신기해요. 정말로 누에고치에서 기다란 실

과학자의 비밀노트

곤충은 모습을 바꾸어 가는 변태(탈바꿈)를 하여 어른으로 성장합니다. 곤충의 종류에 따라서 크게 완전 변태(완전 탈바꿈)과 불완전 변태(불완전 탈바꿈)로 나눕니다.

① 완전 변태(완전 탈바꿈) : 알-애벌레(유충)-번데기-어른 벌레(성충)의 네 단계를 거치며 탈바꿈하는 곤충을 말합니다. 완전 변태를 하는 곤충들은 번데기 과정을 거치기 때문에 꼬물꼬물 애벌레 시절과 어른 벌레의 모습이 크게 달라집니다. 딱정벌레류, 나비류, 벌류, 파리류처럼 종류가 다양한 곤충은 대부분 완전 변태를 합니다.

② 불완전 변태(불완전 탈바꿈) : 알-애벌레(약충)-어른 벌레(성충)의 세 단계를 거치며 탈바꿈하는 곤충을 말합니다. 완전 변태와는 달리 번데기 과정이 없기 때문에 애벌레와 어른 벌레의 모습이 크게 달라지지 않고 매우 닮았습니다. 노린재, 메뚜기, 바퀴 등의 곤충이 불완전 변태에 속합니다.

와~ 누에고치에서 실이 뽑아져 나오네.

누에고치에서 실 뽑는 장면

이 계속 뽑아져 나와요.

누에고치는 누에가 실을 뽑아서 만든 집이라고 앞에서 설명했지요. 누에 외에도 대부분의 나방 애벌레들은 실을 뽑을 수 있는 능력이 있답니다. 특히 누에고치에서 뽑은 실은 매우 훌륭하지요. 그래서 사람들은 누에고치로부터 뽑은 가늘고 고운 실로 옷감을 만들게 되었답니다. 그 옷감이 바로 비단(실크)이지요.

누에를 기르는 양잠 산업이 발달한 나라는 중국입니다. 기원전 700년부터 양잠 산업을 통해 고급 비단을 만들었지요.

비단은 변변한 옷감이 없던 시절에 최고의 인기 있는 의복 재료가 되어 의복 혁명을 이루었어요. 지금은 화학 섬유에 밀려서 별 볼 일 없지만 당시에는 최고의 옷감으로 사랑받았답니다.

인기가 높아진 비단은 유럽의 지중해까지 수출되었습니다. 비단이 유럽에 수출되면서 실크로드가 열렸지요. 실크로드를 통해 중국의 비단과 유럽의 금과 옥이 서로 교환되었습니다. 비단은 동서양 무역의 통로를 만드는 계기가 되었답니다. 이 모든 일은 누에를 관심 있게 바라본 사람이 있었기 때문에 가능했던 겁니다.

뽕잎 먹고 쑥쑥 자라는 누에

쉿! 모두 조용히 하고 귀를 기울여 보세요. 무슨 소리가 들리지 않나요? 애벌레에게서 아주 조그만 소리가 들릴 겁니다. 귀를 더 가까이 대고 누에가 무슨 소리를 내는지 들어 봅시다.

__ 사각사각 하는 소리가 들리는 것 같아요.

맞았어요. 누에가 먹을 땐 사각사각 소리가 들린답니다. 누

에는 쉬지 않고 먹어 대는 먹보지요. 열심히 먹고 무럭무럭 자라야 어른이 될 수 있다는 걸 누구보다 잘 알고 있거든요. 누에가 먹고 있는 건 뽕잎입니다. 누에는 오로지 뽕잎만 좋아하니까요. 입맛이 까다로운 누에를 위해서는 신선한 뽕잎을 계속 주어야 하지요. 그래서 누에를 기를 땐 뽕잎을 김치냉장고나 냉장실에 보관하는 것이 좋습니다. 누에는 아주 작은 누에알부터 출발합니다. 좁쌀보다도 작은 누에알이 자라서 어른이 되면 누에나방이 된답니다. 누에는 알-애벌레-번데기-성충을 모두 거쳐야 어른이 되니까요.

지금부터 누에가 누에나방이 되기까지의 과정을 함께 살펴봅시다. 여기 있는 누에알은 서로 겹치지 않게 놓아야 부화가 잘 될 수 있어요. 건조하면 부화가 잘 안 되므로 습도 조절을 잘해야 합니다. 사육통 옆에 물을 묻힌 휴지나 천을 놓아두는 것이 제일 좋아요. 꽉 막힌 사육통을 사용해도 안 돼요. 누에알도 숨을 쉬어야 하거든요.

알이 부화되어 매우 작은 누에가 태어났습니다. 막 부화된 누에는 실처럼 매우 가느다란 모습이지요. 너무 작기 때문에 개미누에라고 부릅니다. 개미누에는 조심스럽게 사육 상자 바닥에 올려놓고 뽕잎을 5mm 정도로 썰어 주어야 해요. 너무 크게 썰어서 주거나 많이 주면 개미누에가 죽을 수도 있어요. 뽕잎에 있는 수분이 개미누에에게 매우 위험하기 때문이에요.

　개미누에는 뽕잎을 먹고 무럭무럭 자라서 애기누에가 됩니다. 애기누에가 되면 뽕잎을 좀 더 크게 썰어 주어도 되지요. 누에는 점점 더 많은 뽕잎을 먹고 하루가 다르게 몰라볼 정도로 쑥쑥 자랍니다. 더 이상 자랄 수 없도록 뚱뚱해진 누에는 허물벗기를 해서 보다 더 큰 옷으로 갈아입습니다.

　허물벗기는 보통 잠을 잔다고 말합니다. 누에가 잠을 잘 때 건드리거나 충격을 주면 매우 위험해요. 가장 예민한 시기라 허물벗기를 할 때 잘못 건드리면 죽는 경우가 많답니다. 누에는 평생 다섯 번의 허물을 벗고 큰 몸집의 누에가 됩니다. 다 자란 누에는 더 이상 뽕잎을 먹지 않아요. 고치를 만들기 위해 마땅한 장소를 찾아야 하거든요.

　드디어 누에가 고치를 짓습니다. 고개를 하늘로 치켜 올리고 머리를 좌우로 움직이면서 실을 뽑아서 고치를 만들지요. 2~3일 정도 계속 실을 뽑으면 어느덧 누에고치가 완성됩니다. 누에는 고치 속에 몸을 가두고 번데기로 변하지요. 번데기가 된 후 2~3주가 흐르면 구멍을 뚫고 누에와는 전혀 다른 모습의 누에나방이 나온답니다. 누에고치에 구멍이 뻥 뚫려 있는 건 누에나방이 나온 흔적이랍니다.

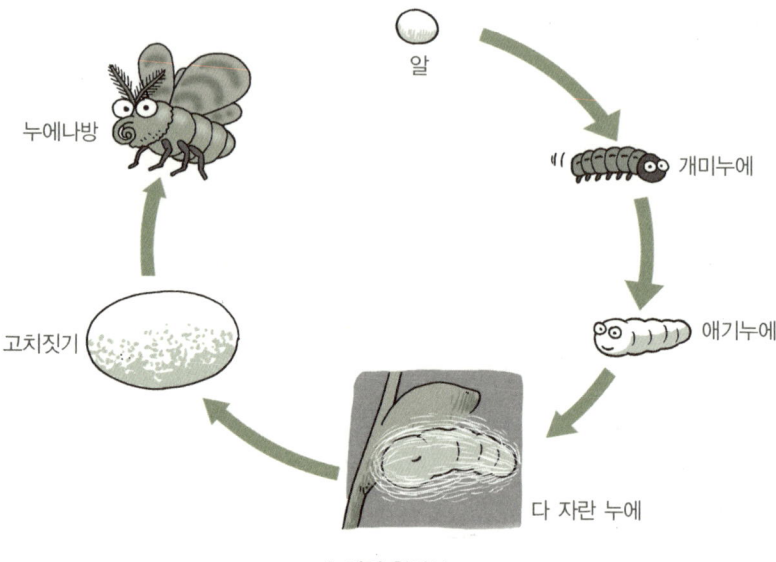

알

누에나방

고치짓기

개미누에

애기누에

다 자란 누에

누에의 한살이

　누에를 잘 기르기 위해서는 조심해야 될 것이 많습니다. 누에는 환경에 매우 민감하지요. 누에는 20~25℃의 따뜻한 곳에서 기르는 게 좋아요. 그렇다고 햇볕이 직접 내리쬐는 곳은 좋지 않습니다. 누에를 직접 손으로 만지는 것도 좋지 않아요. 특히 화장품을 바른 손은 매우 위험합니다. 누에를 이동시킬 때는 반드시 비닐장갑을 끼거나 나무젓가락으로 살짝 잡아서 옮겨야 해요.

　누에는 살충제나 모기향, 담배 연기 같은 물질에 매우 약합니다. 사육장 바닥이 배설물로 더러워지면 깨끗하게 청소해 주어야 합니다. 신선한 뽕잎을 줄 때 물이 묻어 있으면 절대로 안 됩니다. 물이 묻게 되면 누에가 물렁물렁해지는 병에 걸릴 수 있으니까요. 환경에 매우 예민한 누에를 기르려면 신경을 많이 써야 한답니다.

다양한 산업에 이용되는 양잠

누에고치로부터 비단을 얻는 양잠은 동서양 무역 통로가 새로 만들어질 정도로 인기가 많은 산업이었어요. 한국에서도 누에치기를 통해 옷감을 만드는 양잠이 매우 중요한 산업이었지요. 1970년대에는 한국이 세계 3위의 양잠 국가였으니까요. 양잠 산업이 발달하다 보니 누에고치에서 실을 뽑고 남은 번데기가 넘쳐났지요.

주름이 가득한 번데기는 영양가가 매우 높아서 간식으로 사랑받았습니다. 소풍이나 여행지에 가면 흔히 팔던 간식이기도 했지요. 손수레에 번데기를 싣고 마을 주변을 다니면서 파는 장사들도 많았어요. 종이컵에 담아 주는 컵 떡볶이처럼 종이로 고깔을 접어서 번데기를 담아 주었답니다. 하지만 아

직도 누에와 번데기를 혼동하는 사람이 많은 것 같아요. 누에, 번데기, 누에나방이 모두 같은 곤충이라는 걸 정확히 모르는 사람도 많답니다.

양잠 산업은 화학 섬유가 등장하면서 위축되었지요. 비단보다 좋은 옷감이 많이 생기면서 양잠업은 점점 사라지는 산업이 되고 말았어요. 그러나 최근 다시 양잠 산업이 인기를 끌면서 미래 산업으로 각광 받고 있어요. 매우 유용하게 쓰일 수 있는 물질이 누에로부터 발견되었거든요.

누에는 기능성 식품, 의약품, 의료용 신체 조직, 화장품 등에 다양하게 활용될 수 있습니다. 1995년에는 누에 분말을 이용해서 만든 항당뇨 식품도 나왔지요. 누에 분말이 고혈당을 막는 데 효과가 매우 좋으니까요. 누에똥에 들어 있는 클로로포피린은 항암 치료에도 활용되고 있어요. 암 환자의 몸에 주사한 뒤 특정한 빛을 비쳐 주면 암세포 증식을 막는 데 매우 효과가 좋답니다.

건조 누에로는 누에환, 누에 엑기스, 동충하초 등을 만들어서 건강 기능 식품으로 활용하고 있습니다. 누에 가루에는 건강에 좋은 성분이 많이 들어 있답니다. 누에 동충하초를 이용한 누에그라도 등장했지요. 건강에 좋은 동충하초를 누에로 만들면 더욱 좋은 제품이 된답니다. 화장품 개발에도 누에고치가 사용됩니다. 세시린, 피브로인 같은 기능성 성분은 좋은 화장품을 만드는 데 유용하지요. 누에의 단백질이 첨가된 비누, 염모제, 치약도 나왔어요.

최근에는 누에고치로 인공 고막을 만드는 데 성공했답니다. 소리가 너무 크게 들리거나 현기증을 자주 느끼는 사람 중에는 고막에 구멍이 생긴 경우가 많지요. 그러면 귀 옆의 근막을 떼어 내고 고막을 붙이는 수술을 해야 합니다. 이때 누에고치로 만든 실크 인공 고막용 소재가 사용됩니다. 실크 인공 고막용 소재는 투명하고 유연하며 생체 적합성이 뛰어나서 매우 좋은 소재가 된답니다.

수술 결과도 좋고 시간도 단축되고 재생된 구조가 정상 조직처럼 성능이 뛰어났습니다. 앞으로는 인공 판막, 각막, 인조 혈관 등의 다른 생체막 개발에도 활용할 계획이지요. 누에고치에서 뽑은 실은 손상된 무릎과 인대, 인공 뼈 조직, 조직이 질긴 의류 생산에도 활용될 수 있습니다. 누에고치를 산업용·의료용으로 활용하게 되면 농가 소득에도 큰 도움이 될 수 있겠지요. 이런 비단을 만들던 누에 농사가 새로운 산업으로 다시 태어나는 거랍니다.

양잠을 통한 생산물이 늘어나면 뽕나무를 통해 얻는 오디와 오디즙, 오디잼, 뽕잎 차도 함께 늘어나게 됩니다. 뽕나무

를 이용한 연구 산업도 함께 발전할 수 있지요. 앞으로 누에 품종 개발, 누에 씨 생산, 애누에 공동 사육, 뽕나무 묘목 생산, 누에 동충하초 보급, 누에병 검사 등의 연구를 통해 차세대 양잠 산업이 발전할 거라 기대하고 있습니다. 전문 관련 기술자를 양성하고 양잠 산업을 최첨단 산업과 연결시키는 연구 활동을 통해 양잠 산업 단지가 조성되면 비단보다 더 유용한 생산물을 만들어 낼 수 있을 것입니다.

산업 곤충 꿀벌이 주는 소중한 물질

누에와 함께 산업적으로 유용한 생산물을 준 곤충은 꿀벌입니다. 꿀벌을 사육하는 양봉은 매우 오래전부터 시작되었지요. 기원전 7000년경 스페인 동굴에서 사람이 야생 벌꿀을 채취하는 벽화가 발견되었어요. 양잠이 동양권에서 발달한 것과는 달리 양봉은 유럽에서 먼저 시작되어 발전되었답니다.

양봉을 통해 얻을 수 있는 유용한 물질은 매우 많습니다. 벌꿀, 로열 젤리, 프로폴리스, 화분, 봉독(벌의 독) 등은 매우 유용하게 활용되고 있지요. 벌꿀은 꿀벌이 꽃의 꿀샘에서 빨아들인 물질을 말해요. 꿀벌은 1kg의 꿀을 얻기 위해서 560만

개의 꽃을 찾아다녀야 합니다. 꽃의 종류에 따라 빛깔, 향기, 맛, 성분이 다르지만 모두 원기 회복에 좋은 포도당이나 과당이 많이 들어 있어요. 벌꿀은 빈혈 예방, 당뇨병, 간장병, 숙취 해소 등에 효과가 매우 좋지요. 또한 미용, 유아 발육 촉진제, 살균, 천연 종합 영양제, 유아 식품, 약용 등 다양하게 활용되고 있답니다.

로열 젤리는 여왕 꿀벌이 먹는 물질로 비타민, 아미노산, 지방산 등의 성분이 풍부한 식품입니다. 생장 발육 촉진, 콩팥 조직의 재생, 신생 세포의 생성, 산소 소모량 증대, 신진 대사 촉진, 질병에 대한 저항력, 상처 치료, 피부 세척 등 다

얌얌

양봉을 통해 벌꿀, 로얄 젤리, 프로폴리스 등 유용한 것들을 많이 얻을 수 있지요.

꿀벌이 주는 소중한 물질

양한 효과가 있지요. 노화를 방지하고 순환계와 호흡계 질환에도 효과가 있어서 장수 식품으로 꼽히는 신비의 물질이랍니다.

프로폴리스는 천연 항생 물질로 잘 알려져 있습니다. 프로폴리스는 꿀벌이 채취한 수액과 꿀벌 타액을 섞어서 만들어 낸 물질이지요. 벌집의 빈틈을 발라서 집을 보호하는 역할을 합니다. 빈틈이나 벽에 바르면 무균 상태가 되어 벌레, 박테리아, 바이러스, 빗물 등으로부터 벌집의 내부를 지킬 수 있어요. 살균력이 뛰어나서 피부의 노화 방지와 염증 제거 효과도 있고요. 프로폴리스에 들어 있는 플라보노이드는 혈액을 맑게 하고 바이러스 침입 억제, 감기 예방, 발암 물질 방지, 진통 및 지열 작용, 생체 면역 기능 상승 등 다양한 효과가 있답니다.

벌꿀과 함께 모으는 화분은 작물을 기르는 곳보다 다양한 꽃들이 피어 있는 곳에서 생산된 꽃가루가 더 좋습니다. 들판보다는 산에서 생산된 화분이 더 좋고요. 긴 겨울을 거치고 개화한 다년생 식물의 꽃에서 채취한 꽃가루가 질이 좋지요. 이렇게 화분은 천연 건강식품으로 널리 사용되고 있습니다.

인류는 오랜 세월 동안 양잠과 양봉을 통해 유용한 생산물을 얻었습니다. 작은 곤충의 특별한 능력에 관심을 가진 결과 좋은 물질을 얻을 수 있었던 거예요. 누에와 꿀벌은 인간에게 없어서는 안 될 소중한 존재가 되었습니다. 인간은 지금도 곤충을 통해 유용한 물질을 발견하려고 연구를 계속하고 있어요. 지구촌의 다양한 곤충에게는 신비로운 물질이 숨겨져 있거든요. 새로운 물질이 발견되면 인간의 생활은 보다 더 유익해질 테니까요.

선생님, 이 애벌레는 어떤 애벌레인가요?

아, 그건 명주실을 뽑아내는 누에예요.

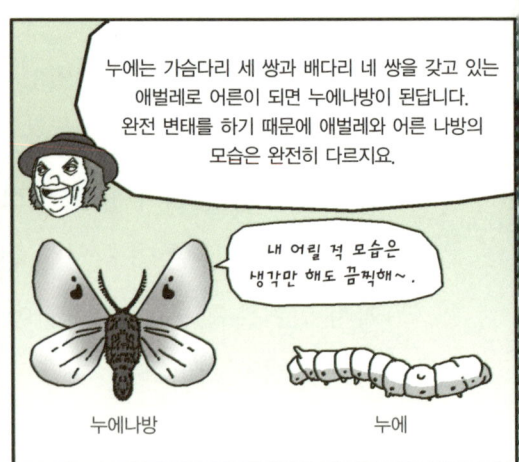

누에는 가슴다리 세 쌍과 배다리 네 쌍을 갖고 있는 애벌레로 어른이 되면 누에나방이 됩니다. 완전 변태를 하기 때문에 애벌레와 어른 나방의 모습은 완전히 다르지요.

내 어릴 적 모습은 생각만 해도 끔찍해~.

누에나방

누에

그런데 누에가 실을 뽑아낸다는 건 무슨 말씀인가요?

대부분의 나방 애벌레들은 실을 뽑아서 고치를 짓고 그 속에서 번데기가 돼요. 그런데 누에가 뽑아낸 실은 매우 훌륭해서 사람들은 누에고치에서 실을 뽑아 명주실을 만들고 비단을 만들었지요.

오, 정말 훌륭한 실이군. 이건으로 온감을 만들면 괜찮겠어.

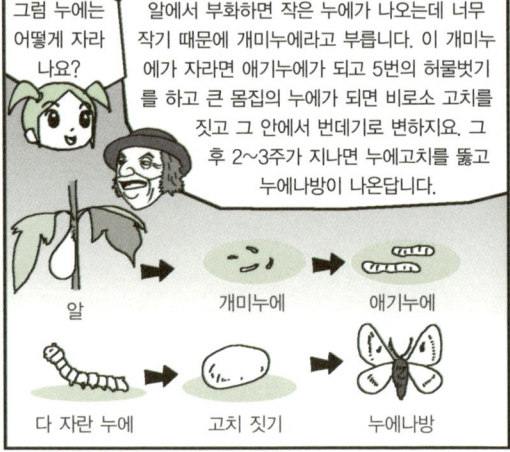

그럼 누에는 어떻게 자라 나요?

알에서 부화하면 작은 누에가 나오는데 너무 작기 때문에 개미누에라고 부릅니다. 이 개미누에가 자라면 애기누에가 되고 5번의 허물벗기를 하고 큰 몸집의 누에가 되면 비로소 고치를 짓고 그 안에서 번데기로 변하지요. 그 후 2~3주가 지나면 누에고치를 뚫고 누에나방이 나온답니다.

알

개미누에

애기누에

다 자란 누에

고치 짓기

누에나방

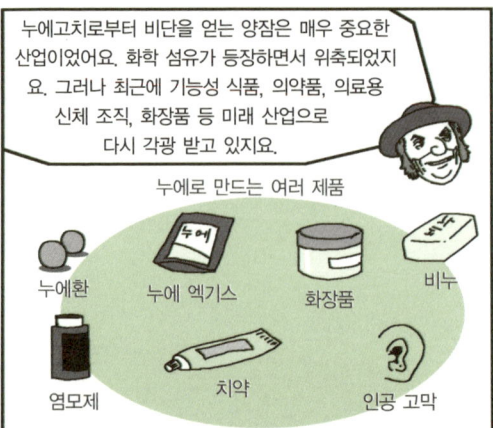

누에고치로부터 비단을 얻는 양잠은 매우 중요한 산업이었어요. 화학 섬유가 등장하면서 위축되었지요. 그러나 최근에 기능성 식품, 의약품, 의료용 신체 조직, 화장품 등 미래 산업으로 다시 각광 받고 있지요.

누에로 만드는 여러 제품

누에환

누에 엑기스

화장품

비누

염모제

치약

인공 고막

누에처럼 산업으로 유용한 곤충이 또 있나요?

대표적으로 꿀벌이 있습니다. 꿀벌을 사육해 벌꿀을 얻는 양봉의 역사는 매우 오래되었어요. 하지만 벌꿀은 빈혈 예방, 당뇨병, 간장병, 숙취 해소 등에 좋아 미용, 유아 발육 촉진제, 살균, 천연 종합 영양제, 유아 식품, 약용 등으로 아직도 다양하게 활용되고 있답니다.

벌꿀로 만드는 제품

미용 용품

유아 발육 촉진제

살균제

천연 종합 영양제

유아 식품

약용

무당벌레와 천적 곤충

친환경 농산물을 생산하도록 돕는 천적 곤충에 대해 알아봅시다.

여섯 번째 수업
무당벌레와 천적 곤충

넷째 날, 파브르가 텃밭에서 해충을 찾아보라고 지시했다.

동글동글 소중한 무당벌레

곤충마다 좋아하는 먹이가 다릅니다. 사람이 먹는 걸 똑같이 좋아하는 곤충도 많이 있습니다. 사람이 기르는 농작물을 갉아 먹는 곤충을 우리는 보통 해충이라고 부르지요. 작물을 좋아하는 곤충을 만나려면 당연히 밭으로 가야겠지요? 그래서 오늘은 텃밭에 모이라고 했어요.

밭은 우리가 먹고 사는 작물을 기르는 곳입니다. 주변을 둘러보면 우리가 먹는 다양한 작물이 보일 거예요. 배추, 양배

추, 가지, 토마토, 감자, 고추, 오이 등이 보입니다. 작물에는 작물을 갉아 먹는 곤충들이 모여듭니다. 자, 이제부터 모두 눈을 동그랗게 뜨고 곤충들을 찾아봅시다.

＿ 선생님, 저기 배추흰나비가 날아다녀요.

맞았어요. 배추흰나비가 나풀거리며 날아가네요. 배추흰나비가 날아가는 곳은 배추밭입니다. 사람들은 김치를 만들기 위해 배추를 심지만 배추흰나비도 배추를 무척 좋아하지요. 모두 가까이 와서 배추를 살펴보세요. 배춧잎에 구멍이 뽕뽕 뚫려 있지요? 이건 배추흰나비 애벌레인 배추벌레가 갉아 먹은 거랍니다.

배춧잎에서 꼬물꼬물 기어가는 배추벌레를 찾아보세요. 배춧잎과 빛깔이 비슷해서 잘 보이지 않을 겁니다. 배추벌레는

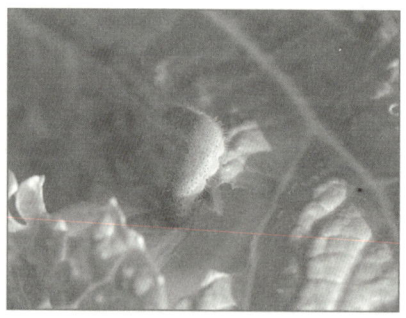

배춧잎을 갉아 먹는 배추벌레

배추, 양배추, 무 등의 잎을 먹고 자라야 배추흰나비가 될 수 있는데, 만약 제대로 먹지 못하면 어른이 되지 못하고 죽고 말겠지요. 그래서 배추벌레는 열심히 배춧잎을 먹는답니다.

부지런히 잎사귀 사이를 돌아다니는 무당벌레도 보이네요. 작물을 기르는 밭에서는 무당벌레를 매우 쉽게 볼 수 있습니다. 특히 빨간 빛깔을 띠고 있어서 쉽게 발견할 수 있답니다. 그러나 무당벌레가 쉽게 잡아먹히려고 빨간 옷을 입고 있는 건 아니에요. 빨간 옷은 천적을 위협하는 경고색이랍니다.

무당벌레를 발견한 천적은 이상하게도 눈을 다른 곳으로 돌린답니다. 무당벌레 대신 다른 먹잇감을 찾는 것이지요. 무당벌레가 경고하고 있다는 걸 알고 있으니까요. 천적들은 이미 무당벌레가 분비하는 맛없는 방어 물질 맛을 본 거예요. 그래서 천적도 두려워할 필요가 없는 무당벌레는 자신 있게 밭을 활보한답니다.

무당벌레가 밭에 많이 살고 있는 이유를 알고 있는 사람 있나요?

__ 진딧물이 많기 때문이에요.

잘 맞췄어요. 동글동글 무당벌레는 몸집은 작지만 진딧물을 잡아먹는 육식성 곤충이에요. 밭에서 무당벌레를 쉽게 볼 수 있는 건 작물의 즙을 빨아먹고 사는 진딧물이 많기 때문이

지요. 밭에 진딧물이 많이 살다 보니 당연히 무당벌레도 밭에 모여들게 되지요. 먹이가 있는 곳에 곤충이 모이는 건 너무나 당연한 이치니까요.

그러나 무당벌레가 진딧물을 쉽게 잡아먹지 못할 때도 많습니다. 무당벌레 앞을 가로막는 녀석이 있거든요. 바로 진딧물의 보디가드 개미입니다. 개미는 진딧물의 꽁무니에서 나오는 단물을 받아먹고 삽니다. 그래서 진딧물이 무당벌레에게 잡아먹히면 큰일입니다. 더 이상 달콤한 단물을 받아먹을 수 없을 테니까요. 결국 작물에서는 무당벌레와 개미의

무당벌레-진딧물-개미의 삼각 관계

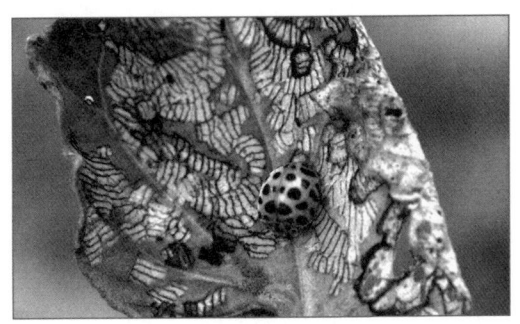

작물을 갉아 먹는 해충 큰이십팔점박이무당벌레

밀고 당기는 힘겨루기가 계속된답니다.

그런데 무당벌레 중에는 작물을 먹고 사는 무당벌레도 있습니다. 무당벌레와 칠성무당벌레는 진딧물을 매우 좋아하지만 큰이십팔점박이무당벌레는 작물을 갉아 먹고 살지요. 큰이십팔점박이무당벌레는 감자, 가지, 토마토 등의 작물을 갉아 먹고 사는 해충이랍니다. 무당벌레라고 모두 진딧물을 잡아먹는 소중한 천적은 아니랍니다.

미래 농사 천적 농법

작물에 다닥다닥 붙어 있는 진딧물 모습이 보이나요? 진딧물은 작물에 주둥이를 꽂아서 즙을 빨아먹는 해충입니다. 특

히 수많은 진딧물이 한꺼번에 모여서 빨아먹기 때문에 피해가 더욱 크지요. 진딧물은 1년에 23세대를 거칠 정도로 번식력이 뛰어나서 항상 떼로 몰려 있는 모습을 볼 수 있습니다. 몸집이 작다고 우습게 볼 해충이 아니랍니다.

진딧물은 농작물에 피해를 주는 대표적인 해충으로 손꼽힙니다. 작물에서 진딧물이 발견되면 농부들도 고개를 흔들며 안타까워합니다. 다행히 무당벌레가 나타나면 농부들의 일손을 거들어 줍니다. 무당벌레와 칠성무당벌레는 진딧물을 하루에도 200여 마리나 잡아먹는 진딧물의 천적이랍니다.

진딧물은 천적 무당벌레의 붉은 날개만 봐도 오들오들 떤답니다. 무당벌레가 많으면 작물에 피해를 주는 진딧물도 쉽게 번성할 수 없지요. 그런데 농부들은 진딧물을 막기 위해 보통 농약을 뿌립니다. 하지만 농약과 같은 살충제를 뿌리면 진딧물을 죽일 뿐 아니라 작물도 오염시킵니다. 해충이 많다고 무조건 살충제를 뿌리는 건 작물까지 오염시키는 매우 위험한 일이지요.

무엇보다 살충제도 거뜬히 이겨 낼 수 있는 해충이 많습니다. 해충들은 적응력이 매우 강하니까요. 살충제로 해충을 모두 죽일 수 있다고 생각하는 건 착각이지요. 또 살충제는 해충을 죽일 수 있는 소중한 천적까지도 함께 죽이고 맙니다. 그래서 꼭 살충제를 뿌려야 된다면 천적을 보호할 수 있는 천연 살충제를 사용해야 합니다. 모조리 잡겠다고 무턱대고 항공 방제하는 것은 천적에게 매우 해로운 일이랍니다.

독성이 없고 주위 환경에도 영향이 없는 차세대 농약 대체 물질 페로몬을 이용하는 것도 좋은 방법입니다. 해충에게 잘 견디는 저항성 품종을 개발하는 것도 중요하지요. 다양한 방법을 통해 살충제를 줄여야 좋은 작물을 생산할 수 있고 천적도 보호할 수 있습니다. 천적이 많아지면 진딧물 등의 해충

살충제 없이 해충을 막는 방법

피해가 줄어들겠지요. 천적이 많아서 살충제를 뿌릴 필요가 없게 되면 친환경 작물을 생산할 수 있답니다.

네덜란드에서는 베달리아무당벌레를 이용해서 해충인 이세리아깍지벌레를 막아내는 데 성공했습니다. 이세리아깍지벌레는 진딧물처럼 작물에 피해를 주는 무서운 해충이지요. 베달리아무당벌레를 이용한 천적 방제가 성공을 거두면서 농약 사용량이 많이 감소했고 경제적 이익도 커졌습니다. 농약을 사용하지 않기 때문에 안전한 농산물이라는 믿음이 커졌거든요. 천적을 이용해 해충을 처리하는 네덜란드 농산물은 매우 인기 있는 수출품이 되었답니다.

이렇게 네덜란드는 화학 농약을 뿌리지 않고 천적을 활용한 생물학적 방제법으로 안전한 농산물을 수확하면서 세계 3위의 농산물 수출국이 되었지요. 모두 무공해 생물 농약인 천적 농법으로 친환경 작물을 생산했기 때문이랍니다.

천적을 연구하는 유용 곤충 기업

곤충 산업이 각광 받는 이유는 뭘까요? 곤충에 대한 생각이 바뀌고 있기 때문입니다. 옛날에는 모든 곤충을 해충이라고 생각했지요. 그러나 인간 생활에 이롭고 좋은 물질이 계속 발견되면서 곤충을 쓸모 있는 생물로 여기게 되었고 하나의 자원으로 생각하게 되었답니다.

천적 곤충은 친환경 농업에서 꼭 필요한 곤충입니다. 농약과 화학 비료를 쓰지 않고 천적을 이용해 해충을 박멸하면 농산물의 생산성을 높일 수 있거든요. 자연스럽게 친환경 농업을 하게 되는 것이지요. 따라서 좋은 생산물을 얻기 위해서 해마다 천적 곤충 보급량이 늘어나고 있답니다. 천적 곤충 산업을 확장시키기 위해서 전문 인력 양성과 농가 육성 등의 일도 지속적으로 해 나가고 있답니다.

그러나 곤충 산업이 활성화되려면 해결할 과제가 많습니다. 우선 곤충 자원에 대한 조사가 많아져야 합니다. 아직까지 서식 환경을 비롯한 곤충에 대한 연구가 부족하니까요. 그러다 보니 어떤 곤충이 유용한지도 알 수 없는 경우가 많아요. 모든 해충을 천적으로 방제하는 것은 사실상 불가능한 일입니다. 병해 때문에 사용하는 약제가 천적에게 어떤 영향을 끼칠지도 정확히 알 수 없고요. 천적 농법이 농약보다 훨씬 경비가 많이 드는 것도 어려운 점 중에 하나지요.

천적 농법 생산물에 대한 소비자의 이해가 부족한 것도 문제랍니다. 무농약으로 생산된 농산물을 소비자들이 모두 좋

아하진 않아요. 아직 친환경 농업으로 생산한 유기농산물에 대한 믿음이 부족하거든요. 미래 농업이 친환경 농업으로 가야 한다고 생각하는 건 맞는 말이지만 실제로는 이렇게 어려운 점이 많답니다.

한국에서는 무당벌레, 진디혹파리, 칠레이리응애 등의 34종의 천적이 생산되고 있습니다. 외국에서 들여온 천적 곤충이 해충을 박멸하는 데 부분적인 성공을 거두기도 했지만 아직까지는 실패가 더 많지요. 천적을 도입한 지역과 기후가 비슷하다고 해도 생물적 환경이 다르니까요. 방제 대상이 되는 해충에게 적응되어 있지 않다면 실패할 수밖에 없지요. 외국 천적을 활용하기 위해서는 다양한 연구가 이루어져야 합니다.

전 세계의 천적 곤충은 100여 종을 넘어섰습니다. 2000년대가 지나면서 천적 곤충 이용은 네덜란드, 영국, 미국, 캐나다, 프랑스, 독일, 스페인, 호주, 뉴질랜드, 브라질, 멕시코 등 세계적으로 확산되고 있지요. 무엇보다 미래의 친환경 농산물을 생산하기 위해서는 자연에 살고 있는 숨은 일꾼인 천적에 대한 연구가 필요합니다. 천적 농법은 친환경 농산물의 희망이니까요.

곤충이 미래 농사를 결정한다

천적 곤충은 무당벌레 외에도 풀잠자리류, 노린재류, 잠자리류, 파리매, 기생벌, 기생파리 등이 있습니다. 논밭 주변에서 날아다니는 잠자리는 다양한 작물 해충을 잡아먹어요. 비행 솜씨가 매우 뛰어난 사냥꾼이니까요. 요즘에는 잠자리가 잘 살 수 있도록 일부러 웅덩이를 만들어 주는 경우도 있습니다. 잠자리만 있어도 해충이 많이 줄어들거든요.

잠자리보다 사냥 솜씨가 더 뛰어난 파리매도 밭에 많이 찾아옵니다. 밭에는 사냥할 먹이가 많으니까요. 파리매는 독수리와 매처럼 하늘을 비행하며 날쌔게 사냥을 합니다. 특히 해충 중에서 가장 많은 나방을 잘 잡아먹지요. 아무도 모르게 침을 찔러 사냥하는 육식성 노린재도 뛰어난 천적 곤충입니다. 침노린재, 쐐기노린재, 주둥이노린재 같은 노린재들은 잎을 갉아 먹고 사는 잎벌레와 나방 애벌레를 잘 사냥하지요. 기다란 주둥이를 꽂아서 체액을 빨아먹는답니다.

밭에는 무당벌레처럼 진딧물이나 깍지벌레를 잡아먹는 풀잠자리도 살고 해충의 몸속에 기생하는 기생벌과 기생파리도 날아다니지요. 곤충을 잡아먹는 거미와 포식성 응애도 살고 있어요. 그 외에도 개구리, 두꺼비, 참새 등 해충을 잡아

먹는 천적들이 많이 모여듭니다. 천적들은 해충이 작물에 모여드는 걸 잘 알고 있답니다. 이런 다양한 천적이 활약해서 해충을 막아 낸다면 살충제 없이도 안전하게 작물을 기를 수 있겠지요.

그러면 해충을 박멸한다고 농약을 마구 뿌리면 어떤 문제가 벌어질까요? 살충제에 오염된 천적이 죽어서 해충이 급격히 불어나게 됩니다. 전체적으로 곤충이 줄어들면 곤충을 먹고 사는 동물들에게도 문제가 생깁니다. 이로 인해 생태계 전체의 균형이 무너질 수도 있답니다. 그러나 농약을 뿌리지 않고 천적을 보호하면 특정한 해충이 불어나서 문제를 일으키는 일은 없지요. 천적들이 자연스럽게 해충을 조절해 주니까요.

소나무재선충에 감염된 소나무를 살리려고 천적을 연구하고 있습니다. 과거에는 소각, 훈증 처리, 항공 살포 등을 이용했지만 생물과 산림에 문제가 생기면서 생물학적 방제법을 찾고 있답니다. 소나무재선충 매개충인 솔수염하늘소에 기생하는 벌을 이용하는 방제법을 연구하고 있지요.

잡초를 잘 먹는 좀남색잎벌레는 잡초 방제용 곤충으로 활용하려고 연구하고 있고요. 가축 분뇨를 먹고 사는 동애등에는 축산 폐기물을 깨끗하게 처리하는 곤충으로 주목받고 있습니다. 귀뚜라미와 밀웜은 가축의 사료용으로 기르고 있어요.

징그럽고 못된 해충이라고 생각했던 곤충이 친환경 농산물을 생산하는 데 꼭 필요한 천적 곤충으로 주목받고 있습니다. 천적 곤충은 농사에 도움을 주는 유익한 일꾼이 되었지요. 곤충은 이제 미래 산업을 좌지우지하는 중요한 자원이랍니다.

텃밭에는 많은 곤충들이 살고 있어요. 자, 어떤 곤충이 있는지 살펴보세요.

여기 무당벌레가 있어요. 정말 귀여워요.

다른 곤충과 달리 빨간색이라 눈에 금방 띠네요.

그렇죠? 그런데 그 빨간 빛깔이 무당벌레를 지켜주고 있답니다. 무당벌레는 맛없는 방어 물질을 분비해요. 그래서 무당벌레를 먹었던 천적들은 빨간색의 무당벌레를 보면 그냥 지나쳐 버리죠.

그렇군요. 그럼 무당벌레는 무얼 먹나요?

윽, 또 빨간 놈이네. 저놈은 그냥 줘도 안 먹어.

고맙게도 무당벌레는 농작물에 피해를 주는 대표적인 해충인 진딧물을 먹고 사는 육식성 곤충이어요. 그래서 진딧물이 많은 텃밭에 무당벌레가 많이 보이는 것이죠.

와, 고마운 곤충이네요.

하하하, 무당벌레가 있어서 진딧물 걱정은 안 해도 되겠어.

넵! 맡겨만 주십니오!

하지만 이 무당벌레를 방해하는 곤충도 있어요. 개미는 진딧물에서 나오는 단물을 먹고 사는데 진딧물이 무당벌레에게 잡아먹히면 더 이상 달콤한 단물을 먹을 수 없어 무당벌레로부터 진딧물을 보호하는 것이죠.

접근하지 마! 진딧물은 우리가 보호한다.

그런데 살충제를 뿌려 해충을 없앨 수 있지 않나요?

꼭 그렇지는 않아요. 살충제를 무분별하게 뿌리면 소중한 천적까지 모두 죽일 수 있거든요. 그래서 독성이 없고 환경에도 영향이 없는 차세대 농약 대체 물질 페로몬을 이용하거나 저항성 품종을 개발하는 것도 중요하지요.

크으윽~, 우리는 해충이 아닌데….

이렇듯 천적 곤충을 이용하면 농약과 화학 비료를 쓰지 않고 생산성을 높일 수 있어요. 따라서 요즘엔 전 세계적으로 천적 곤충 사업을 확장시키기 위해서 전문 인력 양성과 농가 육성 등의 많은 노력을 하고 있답니다.

곤충이 농업에도 이용되는군요.

송장벌레와 법의학 곤충

미궁 속에 빠진 살인 사건을 해결할 열쇠가 되는 법의학 곤충에 대해 알아봅시다.

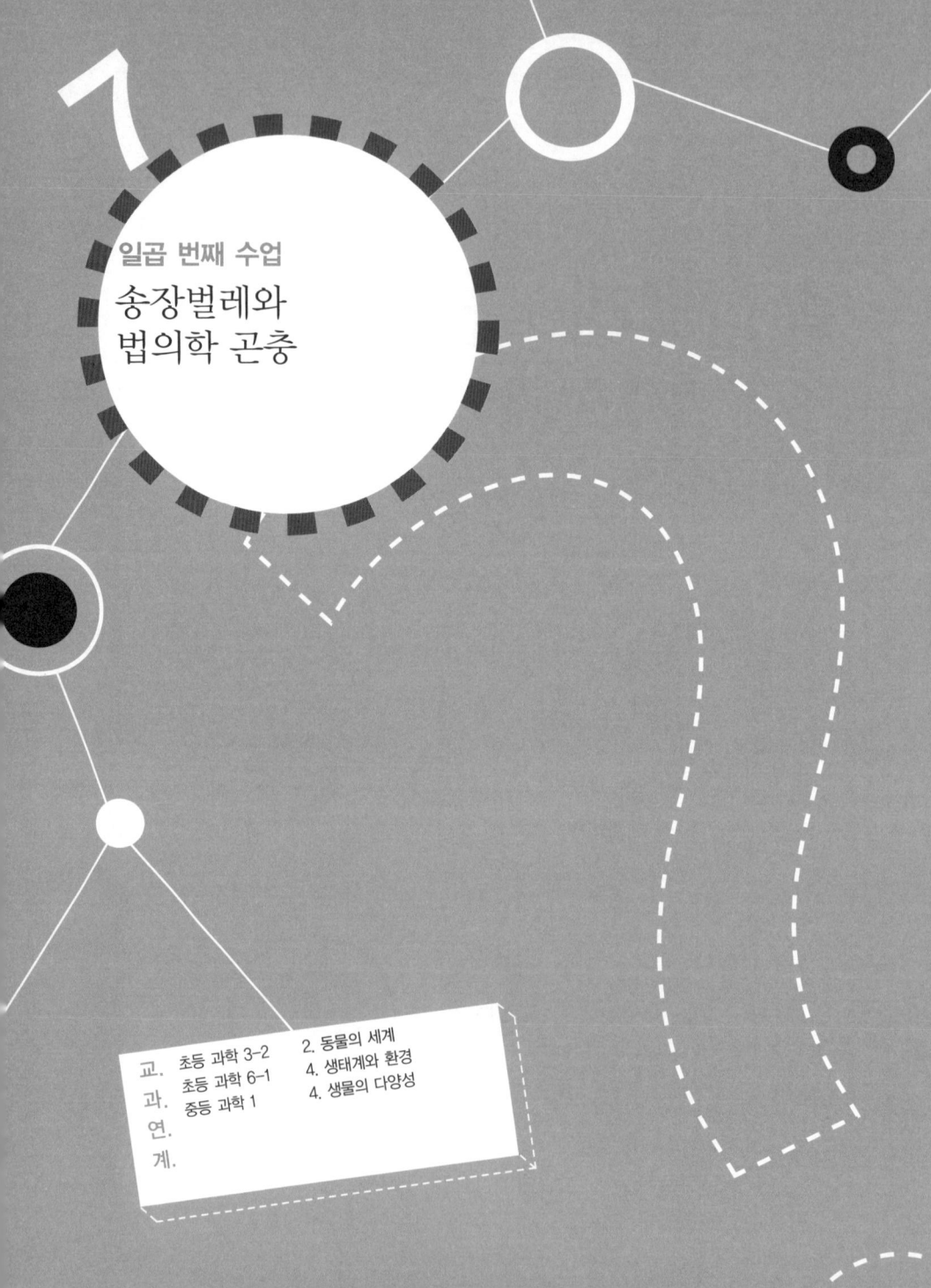

일곱 번째 수업

송장벌레와
법의학 곤충

다섯째 날 아침, 파브르는 산길에서 발견한
쥐의 사체 이야기로 수업을 시작했다.

장례를 치르는 송장벌레

곤충들이 살아가는 서식처는 곤충마다 매우 다양합니다.
여러 서식처 중에서도 곤충이 가장 많이 살고 있는 곳은 바로
울창한 숲이지요. 오늘 여러분들과 만날 곤충은 숲에 살고
있는 곤충이랍니다. 숲으로 향하는 산길을 걷다 보면 오늘의
곤충을 찾을 수 있을 겁니다. 그럼 지금부터 숲을 향해 걸어
봅시다.

산길을 걷다 보면 다양한 곤충을 만날 수 있습니다. 나풀나

풀 날아다니는 나비가 힘들면 잠시 내려앉기도 하고요. 발빠른 길앞잡이와 먼지벌레가 기어다니지요. 산길에 고인 물에는 꿀벌과 나비가 물을 먹기 위해 내려앉기도 해요. 부지런한 개미들이 열심히 일하는 곳이기도 하고요. 그런데 오늘의 주인공은 냄새나고 지저분한 곳에 잘 모여드는 곤충입니다. 어떤 곤충일까요?

__ 지저분하면 똥을 굴리는 쇠똥구리 아닌가요?

__ 배설물에 모이는 똥파리 아닌가요?

쇠똥구리와 똥파리는 배설물을 매우 좋아해요. 하지만 오늘의 곤충은 동물이 죽은 사체에 잘 모이는 곤충이지요.

__ 생각났어요. 송장벌레예요.

잘 맞추었어요. 오늘 우리가 만날 곤충은 사체에 잘 모이는 송장벌레입니다. 송장벌레를 만나기 위해서는 먼저 사체를 찾아야겠지요. 그럼 지금부터 쥐나 새의 사체가 있는지 찾아봅시다.

__ 선생님, 찾았어요. 여기 개구리가 죽어 있어요.

개구리가 죽은 지 너무 오래되어서 말라 버렸군요. 송장벌레는 마른 사체에서는 찾을 수 없어요. 저쪽에 파리들이 마구 날아다니는 사체로 가 봅시다. 죽은 쥐 사체에 파리가 날아다니고 말벌과 개미도 모여들었군요. 사체가 적당히 부패

된 걸 보면 송장벌레도 발견할 수 있을 것 같군요.

송장벌레를 만나려면 우선 사체를 뒤집어 봐야 해요. 물론 사체를 직접 손으로 만지는 건 좋지 않습니다. 나쁜 병균이 옮겨질지도 모르니까요. 이렇게 나뭇가지로 뒤집어 보니 우리가 예상한 대로 송장벌레가 사체에 모여서 열심히 일하고 있군요. 사체 아래쪽에서 일하고 있는 녀석이 송장벌레지요.

송장벌레는 사체에 들러붙어서 매우 흥미로운 일을 합니다. 그래서 나는 송장벌레에게 '위생 장관'이라는 별명을 붙여 주었어요. 사체를 잘 처리하는 특기를 갖고 있거든요. 송장벌레라는 이름만 봐도 죽은 사체를 얼마나 좋아하는지 알 수 있지요. 그래서 사체나 썩은 고기를 먹고 사는 딱정벌레라는 의미로 캐리언비틀스(carrion beetles)라고 불린답니다. 또 송장벌레는 땅을 파서 사체를 묻는 특별한 재주가 있습니다. 그래서 베링비틀스(burying beetls) 또는 매장충이라고도 부릅니다. 사체를 묻는 폼이 마치 장례를 치러 주는 것 같아서 장의사 딱정벌레라고도 불리지요. 장의사 딱정벌레, 매장충, 사체 청소부, 위생 장관 등 별명이 많은 것만 봐도 송장벌레가 얼마나 인기가 많은지 알 수 있겠지요?

송장벌레는 숲에 살고 있는 쥐, 두더지, 새 등의 동물들이 죽으면 정성껏 장례를 치러 주는 고마운 곤충입니다. 만약

송장벌레가 없다면 사체가 분해되지 않아서 숲에서 지독한 냄새가 날 거예요. 장의사 송장벌레 같은 다양한 분해자 곤충들이 열심히 일한 덕분에 숲의 공기가 상쾌함을 유지할 수 있지요. 사체를 땅속에 파묻는 독특한 재주꾼 송장벌레가 있기에 숲은 수많은 동식물의 낙원이 되는 거랍니다.

사체에 모이는 다양한 시식성 곤충

송장벌레는 사체를 어떻게 처리할까요? 송장벌레는 동물의 사체 냄새를 맡고 현장에 출동합니다. 냄새를 맡은 송장벌레들이 하나둘 모여들면 함께 힘을 모아 작업을 시작해요. 사체의 털과 깃털을 모두 뽑아서 고깃덩어리처럼 만들고 방부 물질을 발라서 사체가 쉽게 썩지 않도록 해요. 그러고는 사체 밑 부분을 파고 들어가서 흙을 퍼 올리지요. 그러면 사체는 점점 땅속에 묻히게 됩니다. 그 위에 흙과 낙엽을 덮으면 사체 무덤이 완성된답니다.

이와 같이 송장벌레는 사체를 묻는 매우 정교한 기술을 갖고 있어요. 그러나 장례를 치러 주기 위해 사체를 묻는 건 아니에요. 송장벌레도 속셈이 있답니다. 송장벌레 애벌레가 사

사체를 파묻는 송장벌레

체를 먹고 자라도록 하기 위해 커다란 먹이 무덤을 만드는 것
이지요. 사체에 모인 송장벌레는 어느새 짝짓기를 해서 사체
에 알을 낳습니다. 부화된 송장벌레 애벌레는 사체를 먹으며
자랍니다. 사체 무덤은 송장벌레 애벌레들의 먹이 저장고인
셈이지요. 자식을 위해 사체를 묻다 보니 자연계의 최고 청
소부가 되었습니다.

 그런데 모든 송장벌레가 사체를 묻는 건 아니랍니다. 매장
기술이 없는 송장벌레도 많아요. 넉점박이송장벌레, 검정송
장벌레 등은 매장 기술을 가졌으나 수중다리송장벌레, 큰수
중다리송장벌레, 큰넓적송장벌레 등은 매장 기술이 없지요.

죽은 동물의 사체에 모이는 건 똑같지만 매장하는 기술은 일부 송장벌레만 갖고 있답니다. 매장 기술이 없는 송장벌레가 사체에 모인 건 구더기를 잡아먹기 위해서지요.

송장벌레에게 매장 기술이 있든 없든 사체를 분해하는 데 도움을 줍니다. 그런데 사체를 분해시키는 건 송장벌레만이 아니에요. 사체가 분해되려면 다양한 곤충의 도움이 필요합니다. 곤충들이 힘을 모을 때 사체가 완전히 분해될 수 있답니다.

사체 냄새를 제일 먼저 맡고 모여드는 곤충은 무엇일까요? 그것은 귀신같이 냄새를 잘 맡는 파리랍니다. 검정파리류와 쉬파리류 파리는 사체가 발생한 후 두 시간 안에 찾아낸답니다. 신선한 사체에 알을 낳아야 하거든요. 특히 습기가 있는 상처 부위를 매우 좋아해서 그곳에 알을 낳아요. 개미도 사체에 빨리 모여들기는 마찬가지예요. 부지런히 움직이며 사체를 수집해야 하는 청소부니까요. 파리와 개미는 사체가 발생하여 부패되기 전에 모여들어 활동합니다.

사체가 부패되기 시작하면 파리가 낳은 알이 부화되어 구더기가 됩니다. 꾸물꾸물 구더기가 많아지면 구더기를 잡아먹으려는 송장벌레와 반날개가 모여들지요. 시체를 뜯어먹으려는 말벌과 땅벌도 옵니다. 구더기가 토양에 들어가 번데

사체가 부패되는 정도에 따라 모여드는 사체 곤충

기가 될 즈음에는 부패가 거의 끝납니다. 사체의 피부와 뼈
만 남게 되면 수시렁이가 출현합니다. 딱정벌레 애벌레에 기
생하는 기생벌과 기생파리도 모여들지요. 모두 분해되어 뼈
만 남았을 무렵에는 개미, 톡토기 등이 모입니다.

　동물의 사체가 흙으로 변하기 위해서는 이렇게 다양한 곤
충의 도움이 필요합니다. 여러 곤충들이 열심히 활동해야 비
로소 사체가 깨끗하게 자연으로 돌아가게 된답니다. 송장벌
레, 파리, 반날개, 개미 등의 분해 곤충이 없다면 사체는 자
연으로 돌아갈 수 없습니다. 동물뿐 아니라 식물도 마찬가지
입니다. 물에 떨어진 낙엽은 옆새우가 분해시키고, 쓰러진
나무는 흰개미와 바퀴벌레가 분해시키지요. 이처럼 자연계

에는 다양한 분해자들이 활동함으로써 숲이 항상 깨끗하게
유지되는 것이랍니다.

살인 사건을 해결하는 법의학 곤충

사체에 모인 곤충은 사체를 직접 먹기도 하고 사체에 모인
곤충을 잡아먹으려고 모이기도 합니다. 사체를 직접 먹고 사
는 곤충은 파리, 송장벌레, 수시렁이 등이 있지요. 넓적송장
벌레, 수중다리송장벌레, 반날개는 사체에 살고 있는 구더기
를 먹기 위해 모이고 기생벌과 기생파리는 사체에 모인 애벌
레에게 기생하려고 모이지요. 말벌, 개미 등은 사체도 먹고
포식도 하는 잡식성 곤충이랍니다.

사체와 상관은 없으나 사체 주변에서 발견되는 곤충도 있
습니다. 톡토기와 거미류는 흙 속에 살기 때문에 쉽게 볼 수
있고, 사체 주변의 나뭇잎에 있다가 떨어진 바구미와 사체
주변을 날아다니는 나비도 볼 수 있답니다. 이처럼 사체에서
는 다양한 곤충을 볼 수 있습니다.

사체가 부패됨에 따라서 새로운 곤충들이 사체에 접근하게
됩니다. 한꺼번에 몰려드는 일은 결코 없지요. 부패 정도에

따라 사체에 곤충들이 모이는 시기가 다르거든요. 부패 단계에 따라 모여드는 곤충이 변해 가는 걸 사체 곤충의 천이라 부릅니다. 곤충의 천이를 연구하면 살인 사건을 수사하는 데 큰 도움이 될 수 있답니다.

살인 사건에서 발생한 시체에는 시간에 따라 다른 곤충들이 모여듭니다. 시체에 모이는 곤충을 연구하는 학문을 법의(法醫)곤충학이라 부르지요. 1894년 프랑스의 메그닌은 《시신의 동물상 곤충을 이용한 법의학》이란 저서에서 시체에 존재하는 다양한 곤충을 분석하면 사망 시간을 판단할 수 있다고 말했습니다. 잭 에링굴루는 영국 과학 전문지 《뉴사이언티스트》에서 1930년대 잔혹한 살인 사건에 곤충학적 증거가 널리 이용되었다고 말했어요. 곤충 천이를 연구한 제리 페인은 1965년 《생태학》에 돼지 사체 부패 과정에서 발생한 변화를 기록했어요. 돼지 사체에 모여드는 곤충이 사람의 시체와 가장 비슷하거든요. 이처럼 시체에 모이는 곤충을 연구하면 범죄 수사에 큰 도움이 된답니다.

텔레비전에서 선풍적인 인기를 끌었던 〈CSI 과학 수사대〉를 알고 있나요? 과학 수사대에서 수사 요원들을 총지휘하는 길 그리섬 수사 반장은 경찰관이 아니라 법의학 곤충학자랍니다. 사건을 총지휘하는 수사 반장이 곤충학자였던 거예요.

그만큼 사체에 모이는 곤충이 사건 해결에 다양한 단서와 증거를 제공해 주기 때문이지요. 길 그리섬은 사체에 모여든 곤충을 보고 얻은 단서와 증거를 가지고 범죄 수사를 진두지휘한답니다. 범죄 수사의 비밀을 알고 있는 건 바로 곤충이지요.

시체에 모이는 곤충이 살인 사건에 어떤 도움을 주는 걸까요? 시체에 모이는 여러 곤충 중에서 살인 사건 해결에 가장 큰 도움을 주는 건 파리랍니다. 법곤충학의 아버지라 불리는 버나드 그린버그(Bernard Greenberg) 박사가 파리 연구가인 것만 봐도 알 수 있지요. 파리는 시체 냄새를 매우 잘 맡기 때문에 두 시간 안에 시체를 찾아냅니다.

시체를 찾아낸 파리는 그 위에 알을 낳습니다. 알이 부화되면 파리 애벌레인 구더기가 됩니다. 구더기는 시체를 먹으며 무럭무럭 자랍니다. 다 자라면 번데기를 거쳐서 성충이 됩니다. 시체에서 태어난 구더기는 번데기가 되기 전까지 시체에서 생활합니다. 그래서 구더기의 성장 과정을 연구하면 시체가 사망한 후 얼마나 시간이 경과되었는지 알 수 있답니다.

파리 생활에 대한 연구는 범죄 수사에 큰 도움을 주고 있습니다. 사망 시간에 대한 정확한 정보를 주니까요. 그 외에도 시간이 흐를수록 각기 다른 곤충들이 나타납니다. 시체에 모이는 다양한 곤충을 연구하면 사건 해결에 관한 좋은 정보들을 얻을 수 있지요. 시체에 모이는 곤충들이 사망 사건을 해결하는 일등공신이 된답니다.

진실을 밝히는 법의학 곤충

시체에 모이는 곤충을 연구하면 사망 시간을 정확히 알아낼 수 있답니다. 부패 경과에 따라 시체에 모여드는 곤충의 종류가 달라지니까요. 그러나 시체가 부패되는 속도는 어디서나 똑같은 건 아닙니다. 살인 사건이 발생한 지역의 환경에 따라 부패 속도가 달라집니다. 그래서 환경에 따른 변화까지도 연구가 필요합니다.

시체가 발견된 장소의 날씨, 계절, 기후, 토양, 온도, 배수, 일조량, 식생, 통풍 등에 따라 부패 속도는 차이가 발생합니다. 부패 속도가 변하면 모여드는 곤충의 종류와 성장 시기도 달라지지요. 환경 조건에 따라 시체에 모이는 곤충에 변화가 생기게 됩니다. 특정한 기후나 식물에서만 사는 곤충도 있고 특별한 장소나 계절에만 서식하는 곤충도 있지요. 도심 곤충과 시골 곤충도 차이가 있습니다.

　시체에서 발견된 곤충은 사망 시간뿐 아니라 다양한 정보를 알려 줍니다. 살해한 후에 다른 장소로 옮겼는지도 알 수 있지요. 시체 발견 지역에 살지 않은 곤충이 시체에서 나왔다면 시체를 옮겼다는 증거가 되니까요. 시체에 모인 구더기의 성장 속도를 연구하면 죽은 사람이 마약이나 약물 등을 먹었는지도 알 수 있어요. 그래서 자살인지 타살인지의 여부도 알 수 있답니다.

　이처럼 시체에 모이는 곤충의 생태를 연구하면 사건 해결에 필요한 정보와 증거를 찾을 수 있지요. 곤충을 범죄 수사에 가장 많이 이용하는 까닭은 시체에 모여 사는 생물의 85%가 곤충이기 때문입니다. 시체에 가장 많이 모여드는 곤충은 법의학 정보를 얻는 데 매우 유용합니다.

　범죄 수사에 곤충이 도움을 준 사례는 많습니다. 1235년에 중국에서 일어난 살인 사건은 곤충이 최초로 범죄 수사에 이용된 기록이지요. 당시 수사관은 용의자들을 한자리에 모아 놓고 들고 온 낫을 내려놓으라고 말했지요. 수사관은 잠시 후 파리가 모여든 낫의 주인을 범인이라고 지목했어요. 피가 묻은 낫에 파리가 모일 거라는 걸 알고 있었거든요. 그 후로 곤충은 범죄 수사에 다양하게 활용되고 있답니다.

　최근 살인과 강도 사건이 늘어나면서 법의곤충학이 더욱

중요해지고 있습니다. 지능화, 첨단화, 고도화되고 있는 범죄를 막기 위해서는 보다 더 많은 증거가 필요하니까요. 과학적인 수사를 해야만 범죄를 막을 수 있습니다.

범죄 현장에서 채취된 증거물을 이용해서 범죄 수사를 하는 곳이 바로 국립과학수사연구원입니다. 다양한 방법을 활용해서 범죄를 수사하지만 아직까지 한국에서는 법의곤충학은 잘 적용되지 못하고 있는 실정입니다. 법의곤충학에 대한 연구가 매우 부족하거든요. 그러다 보니 아직까지 한국의 법

원에서는 법의학 곤충을 증거 자료로 채택하지 못하고 있습니다.

그러나 다른 나라에서는 법의학 곤충이 결정적인 증거로 많이 사용되고 있습니다. 핀란드와 일본은 90%, 영국은 70%나 활용되고 있어요. 보다 더 확실한 범죄 수사를 위해서 한국에서도 더 많은 연구가 필요합니다. 미국과 유럽은

과학자의 비밀노트

수사 식물학

식물도 곤충처럼 사건 해결에 중요한 단서를 제공할 수 있는데, 범죄 수사에 식물을 활용하는 학문을 수사식물학이라 한다. 수사식물학을 이용하면 범죄 시간, 장소, 사건 정황을 알아낼 수 있다. 범죄 현장 및 시체에서 발견된 열매, 꽃가루, 나뭇잎뿐 아니라 식물의 DNA를 분석하면 범죄가 일어난 당시의 여러 상황을 과학적으로 접근할 수 있다. 즉, 시체에 남겨진 식물들을 통해 그 식물이 분포하는 지역, 주위 환경, 계절 및 기후, 사건 발생 시간 등을 추정할 수 있다. 때때로 식물들은 특정한 기후나 장소, 계절에 따라 다른 지역에 서식하기 때문에 이러한 식물군으로부터 다양한 정보와 사건 해결에 필요한 단서를 제공받을 수 있다. 특히 식물군의 세계적인 분포도에 근거하여 다른 국가 및 지역에서는 분포하지 않는 특정한 식물이 발견되었다면 살인 사건의 장소를 밝혀낼 수 있다. 용의자의 물건이나 차량 등에서 피해자의 시신으로부터 채집된 식물과 동일한 식물군을 발견함으로써 범인을 쉽게 찾을 수 있다. 이러한 식물학적인 접근 방법은 곤충과 함께 과학 수사에 적극적으로 활용되고 있으며, 범죄 사건을 해결하는 데 중요한 역할을 한다.

법의곤충학에 대한 연구 자료가 많지만 한국은 자료도 매우 부족한 실정이에요. 앞으로 한국 곤충학자들이 해야 할 일이 많은 것 같군요. 다행히 한국에서도 법의곤충학 연구가 본격적으로 시작되었어요. 법의곤충학 연구를 통해 범죄를 더 많이 해결해서 보다 좋은 대한민국이 되었으면 좋겠습니다.

오늘은 살인 사건을 해결하는 탐정 곤충들을 소개할게요.

네? 곤충이 살인 사건을 해결한다고요?

정말 그런 곤충이 있어요?

그럼 먼저 송장벌레를 소개하죠. 곤충의 서식처는 곤충마다 매우 다양합니다. 그중 동물의 사체에 모이는 곤충들이 있는데 이 송장벌레는 동물의 사체를 처리해서 땅에 묻어 잘 분해되도록 해 줍니다.

그래서 송장벌레군요.

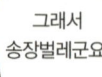

송장벌레

송장벌레는 사체에 알을 낳고 방부 물질을 발라 쉽게 썩지 않도록 한 후 사체 밑 부분을 파서 점점 땅속에 묻히게 만듭니다. 그러면 부화된 송장벌레 애벌레가 사체를 먹으며 자라게 되죠.

사체에 모이는 다른 곤충은 어떤 곤충인가요?

자, 우리의 2세를 위해 모두 힘을 냅니다….

네, 먼저 나타나는 곤충은 파리예요. 파리는 신선한 사체에 알을 낳죠. 그리고 부패가 시작되면 송장벌레와 반날개는 부화된 파리의 구더기를 먹기 위해 모여들고 말벌과 땅벌도 옵니다. 부패가 거의 끝날 무렵엔 수시렁이와 기생벌과 기생파리 등이 모여들고 분해 후 뼈만 남은 토양에는 개미, 톡토기 등이 모입니다.

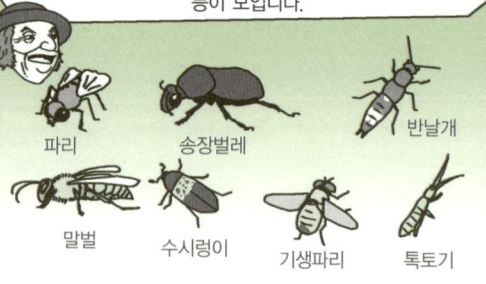

파리   송장벌레   반날개

말벌   수시렁이   기생파리   톡토기

그렇게 많은 곤충이 모이면 복잡하겠네요.

그렇지가 않아요. 사체엔 다양한 곤충들이 모여들지만 사체가 부패 정도에 따라 모여드는 곤충이 달라서 그런 일은 일어나지 않아요. 그리고 부패 단계에 따라 모여드는 곤충이 변해 가는 걸 사체 곤충의 천이라고 해요.

우린 끝났어. 다음은 누구야?

다음은 우리야.

그다음은 우리.

그래서 이러한 곤충의 특성들을 연구해 범죄 수사에 활용하는 학문을 법의곤충학이라 부르고, 이렇게 이용되는 곤충을 법의학 곤충이라고 부른답니다.

박사님께서 말씀하신 탐정 곤충이란 법의학 곤충을 말하는 것이었군요.

법의학 곤충

반딧불이와 문화 곤충

인간 생활에 행복을 더해 주는 아름다운 문화 곤충에 대해 알아봅시다.

반딧불이와 문화 곤충

다섯째 날 저녁, 파브르는 어두운 밤을
밝히는 반딧불이 이야기로 수업을 시작했다.

불빛을 내는 발광 생물 반딧불이

깜깜한 밤에 여러분들을 모이라고 한 건 여덟 번째 곤충을
만나기 위해서랍니다. 며칠 전 밤에 장수풍뎅이를 봤을 때를
기억하나요? 환하게 켜 놓은 수은등 불빛에 장수풍뎅이가 붕
붕 대며 우리에게 날아왔었지요? 그러나 오늘은 불을 밝히지
않을 거예요. 우리가 만날 곤충이 불빛을 매우 싫어하거든
요. 모두 가지고 온 손전등을 끄세요.

__ 선생님, 깜깜해서 아무것도 안 보여요.

걱정하지 말아요. 우리 주변에는 달빛과 별빛이 있잖아요. 모두 내가 눈을 뜨라고 말할 때까지 눈을 감고 있어요. 눈을 감았다가 뜨면 주위가 더 잘 보일 겁니다. 모두 눈을 감으세요. 그리고 오늘 우리가 어떤 곤충을 만날지 상상해 보세요. 자, 이제 된 것 같군요. 모두 눈을 떠 보세요.

＿ 선생님, 주위가 좀 밝아진 것 같아요.

여러분의 눈이 어둠에 적응된 겁니다. 사람의 눈은 어둠에 적응할 수 있는 능력이 있거든요. 어둠에 적응되면 특별히 손전등을 켤 필요가 없어요. 조금만 더 있으면 깜깜한 숲이 더 잘 보일 겁니다. 아주 환하게 보이지는 않아도 주변을 구분할 정도만 되면 산길을 걸어가는 데 큰 불편함이 없을 거예요.

이 캄캄한 어둠 속에서 오늘 우리가 만날 곤충은 무엇일까요? 내가 너무 많은 힌트를 준 것 같네요.

＿ 반딧불이예요.

그래요. 오늘 만나 볼 곤충은 바로 반딧불이랍니다. 반딧불이는 장수풍뎅이와는 반대로 불빛을 향해 모여들지 않고 불빛이 없는 곳으로 날아갑니다. 지금부터 숲길을 걸으면서 반딧불이를 찾아보기로 해요.

＿ 선생님, 저쪽에서 작은 불빛이 날아다녀요.

잘 발견했어요. 반딧불이는 나무 사이를 날아다닙니다. 스스로 불빛을 내며 날아다니는 반딧불이가 매우 아름답지요? 반딧불이는 어떻게 불빛을 만드는 걸까요? 그건 반딧불이 몸 속에 루시페린이라는 발광 물질이 들어 있기 때문이랍니다. 루시페라제라는 효소가 산소와 반응하여 루시페린이 옥시루 시페린으로 변하면서 빛이 발생하지요. 반딧불이는 스스로 빛을 낼 수 있는 발광 생물이랍니다.

반딧불이의 불빛을 자세히 관찰하기 위해 다 함께 반딧불 이를 잡아 보기로 해요. 반딧불이는 몸집은 작지만 높은 곳 까지 잘 날아갑니다. 계곡 쪽으로 날아가는 경우도 있어서 불빛만 보고 쫓아가면 위험해요. 빨리 날아가지는 못하지만 불빛이 보였다 안 보였다를 반복하기 때문에 생각보다는 쉽

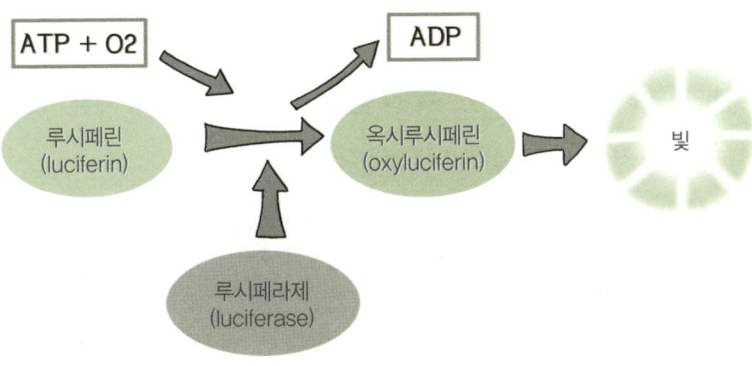

반딧불이 발광 메카니즘

게 잡을 수 없지요. 반딧불이가 가까이 올 때까지 기다렸다가 잡는 게 쉬운 방법일 거예요.

개똥벌레가 된 반딧불이

모두 이리로 모여서 직접 잡은 반딧불이를 관찰해 봅시다. 반딧불이가 깜빡거리지 않고 불빛을 계속 밝히고 있네요. 스트레스를 받아서 화가 난 모양입니다. 반딧불이는 매미나 풀벌레처럼 소리를 낼 수 없기 때문에 불빛으로 화가 난 마음을 표현하는 겁니다. 반딧불이가 짝을 발견하면 불빛도 달라집니다. 수컷 반딧불이는 암컷을 향해 더 길고 강한 빛을 깜빡거려요. 수컷의 불빛을 알아챈 암컷도 더 강하게 불빛을 깜빡거립니다. 암수 반딧불이는 불빛을 반짝이며 짝짓기를 합니다. 그런데 사랑을 할 때는 불빛이 흐려집니다. 다른 반딧불이에게 방해받기 싫으니까요.

여러분이 보고 있는 반딧불이는 늦게 출현한다고 해서 붙여진 늦반딧불이랍니다. 늦반딧불이 애벌레는 땅에 살면서 달팽이를 잡아먹으며 살지요. 하지만 우리는 반딧불이 애벌레가 물속에 살면서 다슬기나 우렁이를 잡아먹는다고 알고

스트레스 발광
– 깜빡거리지 않고
빛을 계속 낸다.

구애 발광
– 불빛이 더 세고
길게 발광

짝짓기 발광
– 불빛이 흐려짐

불빛으로 의사표현을 하는 반딧불이

있지요. 물속에 사는 반딧불이 애벌레는 애반딧불이랍니다. 이처럼 반딧불이도 종류에 따라서 살아가는 곳이 저마다 다르답니다.

그러나 어른이 된 반딧불이는 아무것도 먹지 않고 이슬만 먹습니다. 밤만 되면 오로지 사랑을 찾아 불빛을 깜빡거리며 날아가지요. 신기하게도 반딧불이 알, 애벌레, 번데기도 불빛을 낼 수 있답니다. 반딧불이는 불빛을 낸다는 것만으로도 많은 사람의 관심을 받습니다. 반딧불이를 부르는 이름이 많은 것만 봐도 사람들의 관심이 많다는 걸 알 수 있지요.

반딧불이를 지칭하는 가장 흔한 별칭은 **개똥벌레**랍니다. 왜 개똥벌레라고 부른 걸까요? 옛날 사람들은 반딧불이가 개 똥이나 소똥에서 생겨난다고 믿었어요. 밤이 되어 집 주변에 날아온 반딧불이는 항상 개집 주변에서 날아다녔지요. 낮에 도 습기가 많은 두엄에서 발견되었어요. 똥과 관련된 곤충이 라 해서 개똥벌레라 불렀답니다. 또 어디서나 흔하게 볼 수 있는 벌레라고 해서 '개똥벌레'라고 불렀다고도 해요. 개똥 은 보잘것없고 천한 것으로 쉽게 볼 수 있다는 의미니까요. 들에서 저절로 자라는 개똥참외처럼 반딧불이는 매우 쉽게 볼 수 있었던 친숙한 곤충이었지요.

반딧불이를 부르는 이름은 지역에 따라서 더욱 다양해요. 반딧불이를 부르는 방언은 66개나 된답니다. '개똥버러지', '개똥파리', '고개빤드기', '굴래기', '꼴래기', '까리', '불한 듸' 등 지역마다 매우 다양하답니다. 1948년에 출간된 동물 학 교재에서는 애반딧불이를 '개똥벌레' 또는 '반딧불'로 표 기했습니다. 늦반딧불이는 '늦반디'라고도 불렀지요.

환경 지표종 반딧불이

반딧불이는 사람의 마음을 따뜻하게 해 주는 정서 곤충으로도 유명합니다. 그러나 반딧불이가 중요한 이유는 따로 있답니다. 그것은 반딧불이가 깨끗한 자연 환경에만 산다는 것입니다. 반딧불이는 깨끗한 환경을 알려 주는 지표 종인 것이지요. 결국 반딧불이가 살 수 있는 곳이 점점 줄어든다는 건 환경이 그만큼 점점 나빠지고 있다는 걸 의미합니다.

자연 환경 상태를 확인하기 위해서 반딧불이 모니터링이 실시되고 있습니다. 경기 양평, 남양주, 성남 등의 도시에서는 반딧불이 모니터링을 지속적으로 하고 있지요. 반딧불이가 살고 있다는 것만으로도 환경이 잘 보전된 도시라는 걸 알릴 수 있으니까요. 숲, 습지, 논, 하천 등의 생태계가 잘 보존되어야만 반딧불이가 살 수 있기 때문에 반딧불이를 보호하는 건 환경을 보호하는 길입니다.

반딧불이 보전을 위해서는 출현 시기에 맞게 보전 대책을 세워야 합니다. 반딧불이 출현 시기에는 항공 살포를 하면 안 되지요. 반딧불이 서식지에 많이 방문하지 못하도록 사람들의 출입을 막는 것도 좋은 방법입니다. 환한 빛을 싫어하는 반딧불이의 생활을 방해하지 않으려면 야간 조명 조절도

살충제 항공 살포 금지

반딧불이 서식지 방문객 제한

야간 조명 조절

반딧불이 축제 격년 실시

반딧불이를 보호하는 방법

중요하지요. 주민이 모니터링에 참여하고 반딧불이 축제도 격년제로 실시하는 게 바람직합니다. 환경을 보호하고 반딧불이가 서식할 수 있도록 다양하게 신경을 써야만 반딧불이를 지켜 낼 수 있답니다.

그러나 아직 체계적인 모니터링도 부족하고 항공 살포 금지나 야간 조명 조절도 제대로 이루어지지 못하고 있답니다. 이처럼 야간 조명 조절과 보전 프로그램이 미흡하면 반딧불이가 언제 우리 곁을 떠날지 모릅니다. 서울시에서도 남산에 반딧불이 복원 계획을 세웠지만 제대로 실현되지 못했지요. 생태 연못을 조성하고 반딧불이 인공 증식 시설을 만들었지만 반딧불이 복원은 쉽지 않았답니다.

경기도 성남, 남양주, 양평과 경북 영양군과 봉화군은 반딧불이에 더욱 많은 관심을 갖고 있답니다. 복원 사업과 보존 사업뿐 아니라 반딧불이 축제를 통해 반딧불이를 널리 알리고 있지요. 특히 반딧불이에 대해 가장 중심적 역할을 하는 건 전북 무주군입니다. 전라북도 무주군 설천면 남대천 지역 일대가 천연기념물 322호로 지정되어 있거든요. 1997년 무주 반딧불 축제를 시작으로 축제가 매년 진행되고 있지요. 축제 기간 중에는 반딧불이 방사 체험과 함께 다채로운 문화 행사가 펼쳐지고 있습니다.

일본은 수십 년 전부터 겐지반딧불에 많은 관심을 가졌습니다. 반딧불이를 복원해서 지역마다 축제를 열고 있고, 여러 동호회에서는 애정을 갖고 보전 활동을 활발하게 펼치고 있답니다. 그것은 반딧불이가 살지 못하는 환경에서는 인간도 살 수 없다는 걸 잘 알기 때문이지요.

반딧불이 축제와 나비하우스

　자연과 관광을 접목시키는 자연 생태 관광이 인기를 누리고 있습니다. 겨울 철새, 갯벌, 산림 문화, 야생화, 곤충 등은 생태 관광에서 빼놓을 수 없는 중요한 대상이 되었지요. 반딧불이 축제와 나비 축제도 사람들의 사랑을 받으면서 곤충이 인간 문화에 많이 활용되고 있답니다.

　최근에는 나비하우스와 나비 정원이 주목받고 있습니다. 나비 공원에 만들어진 나비하우스에서는 나비들이 자유롭게 날아다니며 꿀을 빨고 애벌레들은 식초식물을 갉아 먹습니다. 탐방객들이 걸어다니며 가까이서 나비를 관람할 수 있도

나비하우스

록 만들어진 자연 공간이에요. 나비는 탐방객의 어깨와 손등에 자연스럽게 내려앉습니다. 자연과 인간이 함께 공감하는 공간이지요.

나비 정원은 나비가 좋아하는 식생을 야외에 조성하여 다양한 나비가 살 수 있도록 만든 정원이랍니다. 한마디로 나비가 자연에서 자연스럽게 살 수 있도록 만든 공간이지요. 탐방객들은 야외에서 산책하듯 다니면서 다양한 야생화와 나비들이 살아가는 모습을 관찰할 수 있습니다. 미국, 영국, 캐나다, 홍콩 등 26개국에 조성되어 있답니다.

나비는 생일, 결혼식 등의 이벤트용으로도 활용됩니다. 나비, 귀뚜라미, 무당벌레 등을 교육용으로 개발하고 곤충 표본을 장식용으로 이용합니다. 다양한 곤충 캐릭터 상품까지 개발하면서 곤충이 문화 산업으로 우리에게 다가오고 있습니다. 그런데 곤충이 다양한 문화 산업으로 인간과 밀접한 관련을 맺은 건 오래된 일입니다.

곤충은 문학, 언어, 예술, 역사, 종교, 레크리에이션 등에도 많이 이용되었습니다. 문학 작품으로 〈나비야 청산가자〉《청구영언》, 〈반딧불이〉(정약용), 〈금롱속의 귀뚜라미〉(이규보), 〈구더기와 개미〉(이광수), 〈귀뚜라미〉(김소원), 〈나비춤〉(정을병), 〈장수하늘소〉(이외수) 등에서 유명 작가의 시와 소설의

주인공이 되었습니다. 오페라 푸치니(Puccini)의 〈나비부인〉, 연극 〈모스키토〉와 뮤지컬 〈개똥벌레〉 역시 곤충에서 힌트를 얻은 작품들입니다.

곤충 그림은 다양한 상징으로 이용되었지요. 꿀벌은 성모 마리아, 벌집은 교회, 사슴벌레는 죄, 파리는 고통 등을 상징 했으니까요. 김제, 김홍도, 신사임당, 심사정, 남계우 등의 화가는 곤충 그림을 많이 그렸지요. 특히 남계우는 나비를 많이 그려서 '남나비'라고 불리기도 했답니다. 메뚜기, 개미 떼, 나비 등은 서양화에서 많이 활용하고 똥을 굴리는 쇠똥 구리 조각이나 다양한 나비 공원의 조형물도 만들어지고 있 습니다.

나비 날개는 공예품과 장식품으로 많이 이용되었어요. 경 주 금관총 고분에서 발굴된 마구는 비단벌레를 이용한 금속 공예품으로 유명하지요. 아름답거나 상징적 소재로 사용하 기 위해서 곤충 우표가 발행되기도 했습니다. 1965년에는 저 축 증강 운동을 장려하기 위해서 개미와 공장이라는 우표가 도안되기도 했지요.

곤충의 이미지를 상품과 결합시키는 광고도 많답니다. 전 자 수첩이 얇다는 걸 홍보하기 위해 물잠자리를 이용했으며 가을의 이미지를 알리기 위해 잠자리를 사용했답니다. 근면

문학작품 오페라 쇠똥구리 조형물

문화 산업에 이용되는 다양한 곤충

성과 노력을 상징하기 위해서는 개미가 사용되었지요. '송충이는 솔잎을 먹고 살아야 한다' 등의 속담, 민담, 신화에도 곤충이 자주 등장한답니다.

다양한 문화 곤충은 우리와 밀접한 관련을 맺고 있습니다. 곤충이 맡은 역할과 인간에 끼친 영향에 대해 연구하는 분야를 문화곤충학이라 부릅니다. 문화곤충학에 관련된 곤충을 문화 곤충이라고 부르지요. 여러 분야에서 활용된 문화 곤충은 앞으로도 인간의 문화에 다양하게 활용될 것으로 기대됩니다.

와, 반딧불이다. 예뻐요.

와아~!

하하하, 예쁘죠?

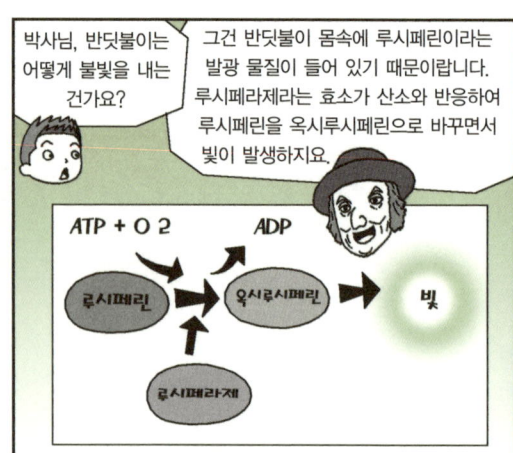

박사님, 반딧불이는 어떻게 불빛을 내는 건가요?

그건 반딧불이 몸속에 루시페린이라는 발광 물질이 들어 있기 때문이랍니다. 루시페라제라는 효소가 산소와 반응하여 루시페린을 옥시루시페린으로 바꾸면서 빛이 발생하지요.

ATP + O2 → ADP

루시페린 → 옥시루시페린 → 빛

루시페라제

그런데 왜 불빛을 내는 걸까요?

반딧불이는 매미나 풀벌레처럼 소리를 낼 수 없기 때문에 그래요. 화가 난 마음을 표현하거나 짝을 찾기 위해 불빛을 내는 것이죠.

자기야~, 이쪽이야! 잘 보이지?

흥, 불빛 보면 몰라? 나 지금 화나 있다고.

그럼 반딧불이는 뭘 먹고 사나요?

반딧불이는 이슬만 먹고 살아요. 하지만 늦반딧불이의 애벌레는 땅에서 달팽이를 잡아 먹으며 살고 애반딧불이의 애벌레는 물속에서 다슬기나 우렁이를 잡아먹고 살지요. 이처럼 반딧불이도 종류에 따라서 살아가는 곳이 다르답니다.

늦반딧불이

늦반딧불이 애벌레

반딧불이가 환경 지표종이란 건 알고 있나요? 반딧불이는 깨끗한 환경에서만 살 수 있기 때문에 환경의 오염 정도를 알려 주는 지표랍니다. 그래서 반딧불이를 환경 지표종이라고 하죠.

음…, 여기 너무 오염이 심한데, 안되겠다. 여긴 불합격! 딴 데로 가자.

그렇기 때문에 반딧불이를 보호하는 건 환경을 보호하는 길입니다. 따라서 반딧불이 출현 시기엔 항공 살포를 하지 않고 서식지엔 방문객을 제한하고 야간 조명도 조절하고, 반딧불이 축제도 격년제로 실시하는 게 바람직합니다.

네, 그럼 매년 반딧불이를 볼 수 있겠네요.

〈반딧불이를 보호하는 방법〉
1. 살충제 항공 살포 금지
2. 반딧불이 서식지 방문객 제한
3. 야간 조명 조절
4. 반딧불이 축제 격년 실시

마 지 막 수 업 9

꿀벌과 수분 곤충

풍성한 열매를 만들어 주는 일등공신 꿀벌에 대해 알아봅시다.

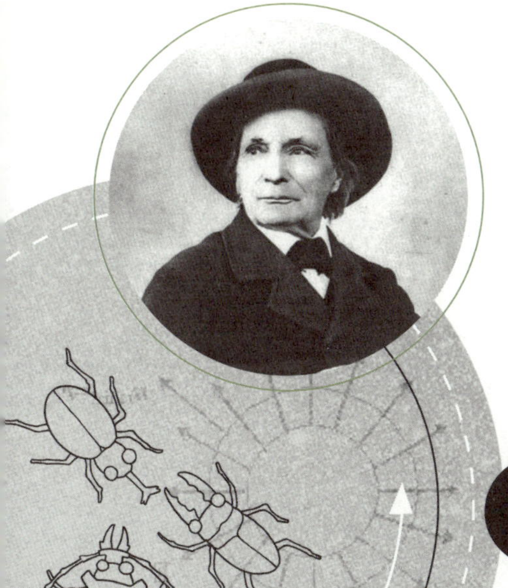

9

마지막 수업

꿀벌과 수분 곤충

마지막 날, 파브르는 꿀벌을 기르는 양봉장으로 우리를 이끌었다.

사회성 곤충 꿀벌

벌써 오늘이 마지막 수업이군요. 그동안 우리는 다양하게 사용되고 있는 소중한 곤충들에 대해서 알아봤어요. 오늘 여러분과 마지막으로 이야기할 곤충도 인간에게 없어서는 안 될 매우 소중한 곤충이랍니다. '윙윙' 거리는 소리를 들으면 가장 먼저 떠오르는 곤충은 무엇인가요?

__ 파리 아닌가요?

__ 파리는 지난번에 배웠잖아. 선생님, 꿀벌이지요?

잘 맞추었어요. 오늘 만날 주인공은 꿀벌입니다. 꿀벌을 만나러 모두 산 너머에 있는 양봉장으로 출발합시다. 윙윙 대는 꿀벌이 많이 날아다니는 걸 보니 거의 도착했군요. 저쪽에 양봉장이 보이네요. 벌통 주변에 꿀벌들이 정말 많이 날아다니지요? 지금부터 주의 사항을 말해 줄 테니 귀담아 들으세요. 그렇지 않으면 꿀벌에게 쏘일 수도 있어요.

꿀벌은 침이 있어서 매우 조심스럽게 관찰해야 합니다. 꿀벌이 가까이 다가온다고 해도 손을 휘저으며 쫓으면 절대로 안 돼요. 그렇게 하면 자신을 위협하는 줄 알고 침을 쏠 테니까요. 가까이 오더라도 꼼짝 않고 꾹 참아야 합니다. 그러면 꿀벌은 알아서 다른 곳으로 날아가 버립니다.

__ 선생님, 꿀벌이 날아왔어요. 정말 무서워요.

걱정하지 않아도 됩니다. 꿀벌처럼 보이는 건 꽃등에랍니다. 꽃등에는 벌이 아니라 파리 종류여서 벌침이 없어요. 침이 없기 때문에 여러분을 쏠 수 없답니다. 그런데 꽃등에는 왜 꿀벌을 닮은 걸까요? 꿀벌처럼 힘센 곤충으로 위장해서 자신을 보호하기 위해서랍니다. 꽃등에는 생김새뿐 아니라 날갯짓까지도 꿀벌 흉내를 낸답니다.

천적들도 벌침을 갖고 있는 꿀벌을 상대하기 싫어합니다. 그 덕분에 꽃등에는 안전하게 꽃을 찾아 날아다닐 수 있지

꿀벌과 꽃등에

요. 꽃등에가 꿀벌과 매우 닮았지만 자세히 보면 다른 점을 발견할 수 있습니다. 꽃등에는 잠자리 눈처럼 큰 눈을 가졌고 눈이 붙어 있어요. 눈 사이가 떨어져 있는 꿀벌과는 다르지요. 파리류의 곤충이어서 날개가 한 쌍밖에 없다는 것도 꿀벌과 다르답니다. 더듬이도 꿀벌처럼 길지 않고 매우 짧아서 거의 보이지 않지요.

벌통을 들락날락하며 부지런히 날아다니는 곤충이 바로 꿀벌입니다. 꽃꿀과 꽃가루 등의 유용한 물질을 얻기 위해 꿀벌을 사육하는 걸 양봉이라고 하지요. 벌통에서 사육하고 있는 벌은 양봉꿀벌입니다. 한국에는 양봉꿀벌과 재래꿀벌 두 종류가 살고 있습니다. 두 종류 모두 사육하고 있지만 85%가 양봉꿀벌이지요.

양봉꿀벌은 조선 고종 황제 때 처음으로 들여왔어요. 독일인 선교사에 의해서 이탈리아 종을 들여온 것이 양봉꿀벌의 시작입니다. 양봉꿀벌은 유럽과 아프리카가 원산지로 기르기 쉽고 활동력이 좋아서 세계 각지에서 수입되어 사육하는 벌이지요.

한국의 또 다른 꿀벌은 토종벌이라 불리는 재래꿀벌입니다. 2000년 전 고구려 태조 때 인도로부터 중국을 거쳐 들여와서 기르고 있는 벌이지요. 재래꿀벌은 벌집을 나무나 바위 틈에 수직으로 만드는 게 특징입니다. 꿀 생산량은 적지만 추운 환경에 잘 견디기 때문에 여러 나라에서 사육하고 있지요.

서양에서 들여온 양봉꿀벌이나 동양에서 들여온 재래꿀벌 모두 혼자서는 살 수 없습니다. 함께 모여서 집단 생활을 하기 때문에 사회성 곤충이라 부르지요. 꿀벌은 여왕벌, 수벌, 일벌의 세 가지 계급으로 되어 있어요. 여왕벌은 몸길이가 15~20mm 정도이며 복부가 매우 긴 벌로 알을 낳는 역할을 합니다. 보통 3~5년 정도를 살면서 하루에 2000~3000개의 알을 낳습니다. 수벌은 15~17mm로 여왕벌과 짝짓기 하는 일만 하는 벌입니다.

벌통에서 제일 바쁘게 활동하는 건 일벌이랍니다. 일벌은 들판을 오가며 부지런히 꽃꿀과 꽃가루를 모으는 일꾼이지

요. 처음 태어난 일벌은 몸통과 더듬이를 깨끗하게 단장하고
벌집 방을 청소하며 유충을 기르는 일을 합니다. 그 후에는
본격적으로 꽃꿀과 꽃가루를 수집하고 저장합니다.

　일벌은 날갯짓을 해서 온도와 습도를 조절하고 외부의 침
략에 대항해서 방어 활동을 하며 육각형 집을 만들고 수리도
한답니다. 약 30~40일 정도 살면서 여왕벌의 뒷바라지를 하
며 꿀벌 사회를 유지하기 위해 최선을 다합니다. 몸길이는
12~14mm로 작지만 꿀벌 사회의 대부분의 일을 도맡아서
하는 최고의 일꾼이지요.

　여왕벌, 수벌, 일벌 모두 각자의 역할에 충실할 때 꿀벌 사

일벌의 다양한 역할

회는 안정적으로 유지될 수 있답니다.

꿀벌 군집 붕괴 현상

　꿀벌을 사육하는 양봉은 인간에게 어떤 도움을 줄까요? 양봉을 하면 벌꿀, 프로폴리스, 로열 젤리, 밀랍 등 유용한 물질을 얻을 수 있습니다. 꿀벌이 주는 물질은 다양한 곳에 산업적으로 많이 사용됩니다. 그러나 꿀벌이 하는 더 중요한 역할이 있습니다. 그것은 식물의 꽃가루를 옮겨 주어 식물이 열매를 맺도록 돕는 거랍니다.

　서양에서 양봉꿀벌을 들여온 가장 큰 이유도 바로 꽃가루받이 때문입니다. 식물이 꽃이 피고 열매가 맺히려면 꿀벌이 꼭 필요합니다. 꽃가루는 저절로 옮겨지지 않으니까요. 식물도 꽃가루가 옮겨져야 열매를 맺을 수 있다는 걸 알고 있습니다. 그래서 꿀벌을 유인하기 위해 예쁜 꽃을 피웁니다. 꿀벌이 꿀과 꽃가루를 모으려고 꽃을 찾아다니다 보면 자연스럽게 꽃가루가 옮겨지게 된답니다.

　수술의 꽃가루가 암술에 옮겨지는 걸 꽃가루받이(수분)라고 합니다. 꿀벌은 식물의 꽃가루받이를 도와주는 고마운 역할을 하지요. 꿀벌에 의해 자연스럽게 꽃가루가 옮겨지면 열매가 맺히게 됩니다. 이처럼 꽃을 찾아다니며 꽃가루받이를 돕는 꿀벌을 수정벌이라 부릅니다. 수정벌은 일손이 부족한 농가에서 매우 소중한 일꾼이지요. 꿀벌을 이용하면 비용과 시간을 절약할 수도 있고 인공 수정 작업보다 수정 확률도 높답니다.

그런데 최근 수분 곤충 꿀벌이 갑자기 실종되는 일이 발생했습니다. 꿀벌 중 가장 부지런히 일하는 일벌이 실종되었지요. 꿀과 꽃가루를 모으고 애벌레를 키우는 소중한 일꾼 일벌이 사라지자 꿀벌 집단은 무너지고 말았습니다. 벌통에 일벌이 돌아오지 않자 여왕벌과 애기꿀벌은 굶어 죽을 수밖에 없었지요. 결국 꿀벌 군집 전체가 붕괴되는 현상이 발생하고 말았답니다.

꿀벌 실종 사건을 꿀벌 군집 붕괴 현상(Colony Collapse Disorder)이라고 부릅니다. 꿀벌이 갑자기 실종된 현상은 2006년에 미국 플로리다 주에서 최초로 발생했지요. 벌통에 가득해야 할 벌이 갑자기 보이지 않았습니다. 2007년 여름이 되자 유럽, 우크라이나, 러시아, 태국, 중국 등에서 똑같은 현상이 발생했지요. 문제가 심각해지자 꿀벌 실종의 원인을 찾으려는 연구가 시작되었습니다.

　실종된 꿀벌은 과연 어디로 간 걸까요? 꿀을 모으러 나간 일벌이 벌통에 돌아오지 못하고 죽어 버리고 만 것입니다. 과학자들은 실종된 꿀벌이 왜 죽게 되었는지 바이러스, 병원균, 벌 기생충, 살충제, 전자파 등의 다양한 원인을 조사했지요. 처음엔 전자파의 영향이 클 거라고 생각했습니다. 그러나 아직도 뚜렷한 원인을 찾아내지 못하고 있답니다.

　꿀벌이 실종된 원인은 복합적인 원인 때문이라고 말하고 있습니다. 꿀벌 군집 붕괴 현상에서 죽은 꿀벌들은 여러 가지 질병을 앓고 있었어요. 그리고 질병을 이겨 내는 면역 체계도

꿀벌 실종의 여러 가지 원인

매우 약화되어 있었답니다. 몸이 좋지 않다 보니 약한 질병에도 쉽게 걸려 죽게 된 것이지요. 꿀벌은 면역력이 왜 약해진 걸까요? 가장 큰 이유는 엄청난 스트레스 때문이랍니다.

꿀벌은 오리, 돼지, 소와 함께 가축 목록에 포함되어 있습니다. 벌꿀, 로열 젤리, 꽃가루, 봉독 등을 생산하기 위해 대량으로 사육하고 있지요. 집단 사육이 꿀벌에게 문제를 일으켰습니다. 벌통을 중심으로 생활하는 꿀벌이 많아서 질병에 취약하게 되었지요. 한 마리만 걸려도 주위에 있는 여러 꿀벌에게 바이러스가 옮겨지니까요.

꽃가루받이를 위한 이동식 양봉도 문제가 되었습니다. 하루 일을 마치고 집에 들어갔다 아침에 나오면 낯선 곳에서 새롭게 시작해야 하지요. 하루 평균 40~50회 일하러 나가는 일벌들은 처음 딴 꽃의 종류와 색을 기억해서 꿀을 모으는 습성이 있습니다. 하지만 반복되는 이사에 꿀벌은 매일 어리둥절하지요. 트럭에 실려 매일 옮겨 다니다 보면 스트레스가 커지기 때문에 면역력이 약해졌답니다.

꿀벌 사육 밀도가 높아서 먹이가 부족한 것도 문제랍니다. 벌통에 수많은 꿀벌이 밀집되어 있다 보니 꿀을 마음껏 모을 수 있는 식물이 부족하답니다. 그래서 양봉 농부들은 꿀을 얻기 위해서 옥수수 시럽이나 설탕물을 먹이로 주지요. 그러

나 인공 먹이는 자연 상태의 꿀에 비해 영양이 좋지 않아요. 인공 먹이로 인한 영양 불균형은 꿀벌의 면역력을 약화시켰답니다.

꿀벌에게 생긴 문제는 다른 많은 가축에게도 똑같이 발생했습니다. 양계장에서 집단 사육하는 닭도 좁은 공간에서 스트레스를 받아 면역력이 약해졌지요. 질병에 견디는 힘이 약해지니 쉽게 조류독감 바이러스에 걸려 죽게 되었습니다. 구제역 바이러스에 걸린 소와 돼지도 마찬가지랍니다. 자연이 고향인 생물들은 자연에 살 때 가장 건강합니다. 인간이 보다 나은 환경을 위해 생물을 활용함으로써 자연의 질서를 무너뜨린 게 문제 발생의 요인입니다.

꿀벌의 역할

괴질 바이러스 때문에 토종벌이라 불리는 재래꿀벌도 집단 폐사하고 말았어요. 낭충봉아부패병(SBV)이라는 바이러스에 걸려 3만여 농가에서 사육한 토종벌 95%가 죽고 말았지요. 낭충봉아부패병은 1960년대부터 영국, 중국, 태국, 인도, 호주, 일본 등에서 기승을 부리던 질병입니다. 꿀벌 유충에

악성 바이러스가 발생하면 유충이 전체적으로 부어오르다가 죽는 거랍니다.

한국에서 발생한 낭충봉아부패병은 초봄의 이상저온 현상 때문에 발생했습니다. 꿀벌이 저온 현상 때문에 영양 섭취를 못하면 몸이 약해지니까요. 몸이 약한 상황에서는 바이러스에 쉽게 감염되어 더 죽게 됩니다. 그러나 아직도 마땅한 치료 백신을 개발하지 못하고 있는 실정입니다. 감염된 벌통을 격리 소각하고 벌통 주변과 벌꿀 등에 소독약을 뿌려 줄 뿐이지요.

적절한 대처가 이루어지지 못해서 토종벌은 점점 죽어 가고 있습니다. 치료 약품을 빨리 개발하고 전염병을 차단할 대책을 마련해야 하지요. 더욱더 큰 문제는 괴질이 양봉꿀벌, 말벌, 땅벌, 호박벌에게까지 퍼지고 있다는 겁니다. 꿀벌이 2~3km를 활발하게 날아다니는 특성이 있기 때문에 꽃가루 접촉을 통해 괴질이 빠르게 확산되고 있어서 더 걱정이랍니다.

질병에 걸려서 양봉꿀벌과 재래꿀벌이 죽게 되자 다른 여러 문제가 생겼습니다. 우선 꿀벌이 줄어들면서 벌꿀 생산에 차질이 생겼지요. 특히 토종꿀 양봉장은 모두 문을 닫고 말았습니다. 벌꿀이 줄면서 아이스크림 생산에도 문제가 생겼답

니다. 맛있는 아이스크림의 원료에도 벌꿀이 사용되니까요.

세계적으로 유명한 고급 아이스크림 회사 하겐다즈사에 큰 위기가 찾아왔습니다. 사람들이 맛있다고 찾는 아이스크림의 대부분이 벌꿀을 넣어서 만든 제품이었는데, 벌꿀을 구할 수 없어서 아이스크림을 만들 수가 없게 되었지요. 그래서 꿀벌의 실종 원인을 찾으려고 연구 기관에 후원을 하고 있답니다.

그러나 벌꿀이나 아이스크림은 인간 생활에 꼭 필요한 건 아닙니다. 벌꿀과 아이스크림이 없어도 다른 걸 먹고 살면 되니까요. 꿀벌 실종의 가장 큰 문제는 식물의 수분이랍니다. 꽃가루받이를 해 주는 꿀벌이 줄어들면서 식물의 수분에 어려움이 생겼습니다. 꽃가루가 옮겨지지 못하자 과일, 채소 같은 열매도 맺지 못하게 되었지요. 꿀벌은 수분 곤충으로 큰 역할을 하고 있는 아주 소중한 생물이랍니다.

전 세계에서 기르는 작물의 75% 이상은 곤충이 꽃가루를 옮겨 주어야하며 곤충에 의해 수분이 이루어지는 식물을 충매화라고 부르지요. 그런데 충매화의 80%를 꿀벌 혼자서 한답니다. 결국 꿀벌이 사라지면 충매화들은 더 이상 살 수 없습니다. 열매를 맺지 못하고 번식에 문제가 생겨 죽게 된답니다.

꿀벌 없는 지구의 심각한 미래

미국의 24개 주에서 꿀벌이 사라지는 현상이 나타났습니다. 심각한 곳은 70%까지 줄어들었지요. 미국은 꿀벌에 의해 생산되는 작물이 연간 20조 원이나 될 정도로 많습니다. 그러다 보니 경제적으로 매우 큰 손해를 보게 되었지요. 미국뿐 아니라 유럽, 아시아, 오세아니아 등에서도 꿀벌 실종 현상이 나타나면서 전 세계적으로 약 50%의 꿀벌이 실종된 상황입니다. 앞으로 계속 꿀벌이 줄어들까 걱정이 크답니다.

꿀벌에 문제가 발생하자 꿀벌을 대신할 대체 곤충을 연구하고 있습니다. 뒤영벌, 호박벌 같은 벌과 꽃등에처럼 꽃가루를 옮겨 줄 곤충을 연구하고 있지요. 그러나 대체 곤충들이 꿀벌만큼 역할을 할 수는 없습니다. 개발에 따른 도시화와 환경오염으로 서식지가 갈수록 감소하고 있기 때문에 더욱 힘들지요.

꿀벌처럼 꽃가루를 옮겨 주는 화분 매개충은 오래전부터 식물의 꽃과 공진화(여러 개의 종이 서로 영향을 주면서 진화하는 일)를 해 왔습니다. 충매화는 꿀벌에게 먹이가 되는 꽃가루나 꿀을 풍부하게 제공해 주었고요. 꿀벌은 꿀을 얻는 대가로 꽃가루를 옮겨 주는 수분 활동을 도와 결실에 도움을 주

었지요. 꿀벌과 식물은 서로 도우며 살아가는 공존 관계를 유지했답니다.

그러나 꿀벌이 먼저 공존 관계를 깨뜨렸습니다. 꿀벌이 줄어들면서 수분에 문제가 생기면 다양한 식물들은 혼란에 빠질 수밖에 없지요. 열매를 맺지 못해 멸종하는 식물도 많아질 겁니다. 식물이 멸종하면 식물을 먹고 사는 초식동물도 위험해집니다. 초식동물이 줄면 당연히 육식동물까지도 평온하게 살아갈 수 없지요. 꿀벌이 멸종하면 이렇게 많은 다른 생물에게 좋지 못한 영향을 끼치게 된답니다.

꿀벌이 사라지면 꽃도 피지 않고 열매도 맺지 못하게 됩니다. 과일과 곡식이 없는 숲에서 어떤 생물이 살 수 있을까요? 생태계의 균형이 무너진 곳은 어떤 생물도 살 수 없습니다. 자연은 더불어 사는 세상이거든요. 생물이 없는 지구에서는

꽃가루받이가 안되어   초식 동물 멸종   육식 동물 멸종
식물 멸종

꿀벌 실종에 의한 생태계 파괴

인간도 오래 버틸 수 없을 겁니다. 작물에 열매가 없고 사료 작물에 문제가 생겨 가축도 기르지 못해서 식량난이 찾아오면 인간은 멸종할 수밖에 없답니다.

최고의 과학자로 손꼽히는 아인슈타인도 꿀벌의 소중함을 알고 있었습니다. 지구 상에서 꿀벌이 모두 멸종되면 4년 안에 인간도 멸종할 거라고 예언했으니까요. 그만큼 꿀벌은 인간에게 꼭 필요한 생물이라는 의미지요. 물론 꿀벌이 멸종해도 꿀벌을 대신할 곤충을 개발하여 일부분은 해결할 수 있을 것입니다. 그러나 수분 곤충의 80%를 혼자 담당했던 꿀벌을 대신할 곤충을 쉽게 확보하는 건 쉽지 않은 일이랍니다.

양봉꿀벌의 꿀벌 군집 붕괴 현상과 토종벌의 낭충봉아부패

과학자의 비밀노트

곤충 산업에서 가장 중요한 화분 매개충 산업

산업에 이용되는 곤충 중 가장 중요한 곤충은 꿀벌이다. 한국도 2000년 이후부터 곤충 산업에 대한 투자가 본격적으로 시작되었다. 주로 농업과 관련된 화분 매개용이나 천적용 곤충을 중심으로 연구가 진행되었다. 국내 곤충 산업은 점점 커지고 있는데, 가장 규모가 큰 분야가 바로 화분 매개 분야이다. 그러나 수분 곤충 꿀벌을 필요로 하는 작물이 너무 많다는 게 문제다.

병의 원인을 밝혀내는 건 매우 중요합니다. 하지만 5년 동안 연구한 결과 복합적인 원인이 작용했을 거라는 추측만 할 뿐 아직 정확한 원인을 밝혀내지 못하고 있습니다. 원인을 정확히 밝히는 것보다 어떻게 하면 꿀벌의 멸종을 막을 수 있는지 고민하는 게 더 중요합니다. 시설 원예가 갈수록 증가하면서 화분 매개충은 더욱 필요해지고 있는 이때에 소중한 수분 곤충 꿀벌을 아끼고 보호하는 게 가장 중요하답니다.

여기는 양봉 농장이에요. 꽃의 꿀과 꽃가루 등을 얻기 위해 꿀벌을 사육하는 걸 양봉이라고 하지요.

우와~ 무서워라~! 벌이 엄청 많은데요.

네, 벌들은 함께 모여서 집단생활을 하는 사회성 곤충이라서 그래요. 여왕벌은 알을 낳고 수벌은 여왕벌과 짝짓기를 하고, 일벌은 꿀과 꽃가루를 모으는 일 외에도 다음과 같은 많은 일을 한답니다.

일벌이 해야 할 일
1. 꽃꿀과 꽃가루 수집
2. 유충 기르기
3. 침략자 방어 활동
4. 집 만들고 수리하기
　　　　　　　　　-여왕벌-

아무리 일벌이라도 우리만 할 일이 너무 많은 건 아냐?

그리고 꿀벌은 자연계에서 없어서는 안 될 중요한 곤충이에요. 식물의 꽃가루를 옮겨 열매가 맺히도록 해 주거든요. 그래서 꽃가루받이를 돕는 꿀벌을 수정벌이라 부르기도 해요.

와~, 꿀벌은 정말 고마운 곤충이었네요.

내가 열매를 맺을 수 있게 꽃가루를 옮겨 줄게.

고마워.

그런데 요즘 꿀벌이 집단으로 사라지는 현상이 일어나고 있어요. 꿀벌 군집 붕괴 현상이라고 하는데 아직 정확한 원인이 밝혀지지 않아 병원균, 벌 기생충, 살충제, 전자파 등의 다양한 원인을 조사하고 있답니다.

아 도저히 못살겠다. 다른 곳으로 가자.

맞아, 당장 가자.

바이러스
병균
살충제
전자파

꿀벌이 사라지는 일이 심각한 일인가요?

네, 아주 큰일이죠. 꿀벌이 사라지면 꿀을 생산할 수도 없지만 더욱 큰일은 식물의 수분에 어려움이 있어 식물들이 열매를 맺지 못한다는 것입니다.

큰일이야. 꿀벌들이 다 나갔어.

그럼 우린 이제 열매를 맺을 수가 없잖아.

그건 아주 심각한 문제군요.

네, 꿀벌이 줄어 식물의 수분에 문제가 생기면 멸종하는 식물이 생기고 식물을 먹고 사는 초식 동물도 위험해집니다. 그럼 육식 동물에까지 영향을 미칠 수 있으니까요.

아인슈타인

지구 상에서 꿀벌이 멸종하면 4년 안에 인간도 멸종할 겁입니다.

곤충 생태를 연구한 파브르 Jean Fabre, 1823~1915

파브르는 1823년에 남프랑스의 아베롱 데파르트망 생레옹에서 태어난 곤충학자입니다. 어릴 때부터 호기심 많고 기억력 좋은 아이였으며 아비뇽 사범학교에 수석 입학했습니다. 사범학교를 졸업한 후 초등학교 교사가 되어 열성적으로 학생들을 가르쳤으며, 몽펠리에 대학에서 물리·수학을 배운 후 1849년 코르시카의 아작시오의 국립 중학교 물리 교사가 되었습니다. 파브르는 수학뿐 아니라 코르시카의 자연과 접하며 식물과 곤충도 연구했습니다. 5년 후 툴루즈 대학에서 박물학 학사 학위를 취득했습니다.

파브르는 31세 때 레옹 뒤프르가 쓴 비단벌레노래기벌에 대한 논문을 읽고 큰 감명을 받고 곤충 생태 연구에 일생을 바치기로 결심했습니다. 파브르는 사냥벌의 매력에 흠뻑 빠져들었습니다.

파브르는 혹노래기벌 연구로 프랑스 학사원 실험 생리학상을 수상했습니다. 그 후 아비뇽의 르키앙 박물관장에 임명되었습니다. 1868년에는 레지옹 도뇌르 훈장도 받았습니다.

파브르는 박물관장에서 물러난 후 책을 쓰고 곤충을 연구하는 일을 계속했습니다. 곤충의 생태를 연구하면서 1878년 유명한 《곤충기》 1권의 출간을 시작하여 1907년까지 《곤충기》 10권을 출간했습니다. 1910년 4월 3일 친구, 제자, 독자들이 모여서 '파브르의 날'을 개최하면서 《파브르 곤충기》가 세계적으로 알려지게 되었습니다. 1905년 프랑스 학사원에서 쥬니에상, 1910년 스톡홀름 학사원에서 린네상을 수상했습니다. 벨기에, 프랑스, 러시아 곤충학회의 명예회원으로 추대되기도 했습니다.

사냥벌을 끝까지 쫓아다니며 관찰했던 끈기 있는 자세가 파브르를 최고의 관찰자로 만들었습니다. 신비로운 곤충의 매력을 경험한 파브르는 책을 통해 많은 사람들에게 곤충의 생활을 알려 주어 곤충학 발전에 큰 기여를 했습니다. 100년이 넘은 지금까지 《파브르 곤충기》는 곤충 생태의 고전으로 큰 사랑을 받고 있습니다.

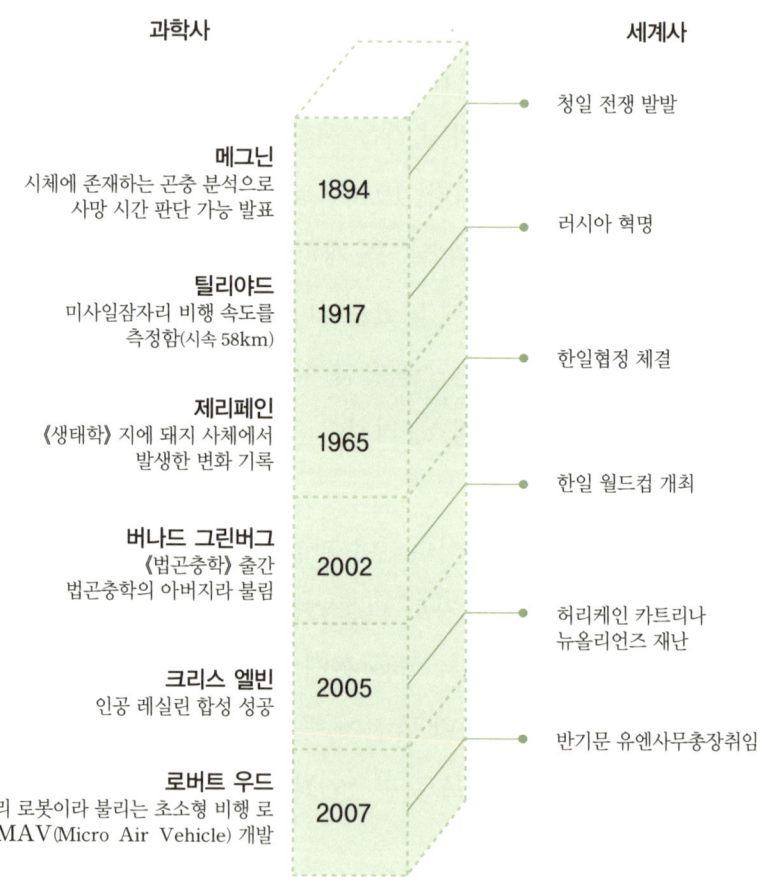

과학사		세계사
		청일 전쟁 발발
메그닌 시체에 존재하는 곤충 분석으로 사망 시간 판단 가능 발표	1894	
		러시아 혁명
틸리야드 미사일잠자리 비행 속도를 측정함(시속 58km)	1917	
		한일협정 체결
제리페인 《생태학》지에 돼지 사체에서 발생한 변화 기록	1965	
		한일 월드컵 개최
버나드 그린버그 《법곤충학》 출간 법곤충학의 아버지라 불림	2002	
		허리케인 카트리나 뉴올리언즈 재난
크리스 엘빈 인공 레실린 합성 성공	2005	
		반기문 유엔사무총장취임
로버트 우드 파리 로봇이라 불리는 초소형 비행 로 봇 MAV(Micro Air Vehicle) 개발	2007	

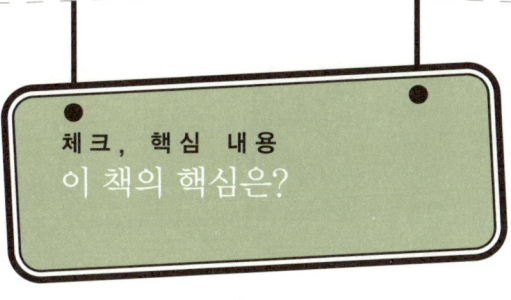

1. 잠자리가 쉬지 않고 비행할 수 있는 건 ☐☐☐이라는 단백질을 갖고 있기 때문입니다.

2. 초소형 비행체를 연구하는 데 도움이 되는 곤충은 날개 한 쌍이 퇴화된 ☐☐랍니다.

3. 장수풍뎅이는 강아지나 고양이처럼 집에서 기를 수 있어서 ☐☐☐☐이라 부릅니다.

4. 누에고치로부터 뽑은 명주실로 최고의 옷감인 ☐☐을 만들었습니다.

5. 굼벵이가 바글거리며 많이 살던 곳은 ☐☐☐☐ 아래입니다.

6. 무당벌레는 하루에도 200여 마리의 ☐☐☐을 잡아먹는 육식성 곤충입니다.

7. 사체를 묻어서 매장하는 ☐☐☐☐를 법의학 곤충이라 합니다.

8. 반딧불이가 반짝거리며 빛을 낼 수 있는 건 몸 속에 들어 있는 ☐☐ ☐☐ 때문입니다.

9. 식물의 꽃가루를 옮겨 주어 열매를 맺도록 돕는 꿀벌을 ☐☐☐☐ 이라 부릅니다.

귀중한 가치를 지닌 생물자원
– 고유종 발굴

　지구상에는 다양한 생물들이 살고 있습니다. 그러나 아직도 인간이 발굴한 생물 종은 일부분에 지나지 않습니다. 우리나라의 경우만 봐도 예상되는 전체 생물 종 10만 종 중 겨우 3만 7000종만이 밝혀져 발굴된 생물종은 30%에 불과합니다. 우리나라와 국토 면적과 환경이 비슷한 영국이나 일본과는 차이가 많이 나지요. 현재 영국은 9만 종, 일본은 8만 8000종이 밝혀져 있습니다.

　우리나라 생물종 연구는 매우 열악한 실정입니다. 특히 무척추동물 발굴 사업은 조사 기간이나 연구 인력의 부족으로 상당히 어렵게 진행되고 있지요. 하지만 생물자원은 매우 소중하게 이용되고 있습니다. 의약품의 80%는 생물에서 추출한 천연 물질로 만들어집니다. 은행나무는 혈액순환제, 버드나무는 아스피린의 원료가 됩니다. 우리가 흔히 보는 생물에

귀중한 보물이 숨겨져 있는 것입니다.

최근에 생물자원에 대해 주목하게 된 건 〈나고야의정서〉
가 채택되었기 때문입니다. 〈유전 자원의 접근 및 이익 공유
에 관한 의정서〉인 생물자원으로 이익을 얻은 국가는 해당
생물자원 주권국에 사용 대가를 내거나 연구 개발 성과를 공
유해야 된다는 내용입니다. 즉 다른 국가에서 우리나라 생물
자원을 사용할 때는 사용 대가를 지불해야 된다는 내용이지
요. 그로 인해 생물자원을 확보하려는 경쟁이 치열해지고 있
습니다. 국내외 생물자원을 많이 확보해야 경쟁력을 갖출 수
있는데 특히 생물자원에 대한 외국 의존도가 높은 우리나라
는 더욱 문제가 큽니다.

생물자원 중에서 곤충은 매우 중요한 자원입니다. 지구상
에서 가장 다양성이 풍부한 생물이기 때문에 신비로운 물질
이 많이 숨겨져 있습니다. 아직까지 발견하지 못한 곤충에서
신물질이 나올 가능성도 높습니다. 그러나 아직 곤충 연구
인력과 조사 기간이 턱없이 부족해서 많은 어려움을 겪고 있
습니다. 앞으로 고유종 발굴, 멸종 위기종 복원, 외래종 관리
등의 생물자원 보전 대책을 통해 우리나라 생물자원을 효과
적으로 활용하게 되길 기대합니다.

찾 아 보 기
어디에 어떤 내용이?

수학자가 들려주는 수학 이야기 (전 88권)

차용욱 외 지음 | (주)자음과모음

국내 최초 아이들 눈높이에 맞춘 88권짜리 이야기 수학 시리즈! 수학자라는 거인의 어깨 위에서 보다 멀리, 보다 넓게 바라보는 수학의 세계!

수학은 모든 과학의 기본 언어이면서도 수학을 마주하면 어렵다는 생각이 들고 복잡한 공식을 보면 머리까지 지끈지끈 아파온다. 사회적으로 수학의 중요성이 점점 강조되고 있는 시점이지만 수학만을 단독으로, 세부적으로 다룬 시리즈는 그동안 없었다. 그러나 사회에 적응하려면 반드시 깨우쳐야만 하는 수학을 좀 더 재미있고 부담 없이 배울 수 있도록 기획된 도서가 바로 〈수학자가 들려주는 수학 이야기〉 시리즈이다.

★ 무조건적인 공식 암기, 단순한 계산은 이제 가라! ★

- 〈수학자가 들려주는 수학이야기〉는 수학자들이 자신들의 수학 이론과, 그에 대한 역사적인 배경, 재미있는 에피소드 등을 전해 준다.
- 교실 안에서뿐만 아니라 교실 밖에서도, 배우고 체험할 수 있는 생활 속 수학을 발견할 수 있다.
- 책 속에서 위대한 수학자들을 직접 만나면서, 수학자와 수학 이론을 좀 더 가깝고 친근하게 느낄 수 있다.